国家自然科学基金项目（52075230）
江苏省基础研究计划自然科学基金项目（BK20221394）
江苏省第六期“333高层次人才培养工程”第三层次培养对象项目
山东省高等学校青年创新团队人才引育计划项目

基于气力输送技术的
极薄煤层煤炭清洁输送充填研究

杨道龙　高魁东／著

中国矿业大学出版社
·徐州·

内容提要

本书以煤矸颗粒和气力输送流场为研究对象，采用理论分析、仿真模拟和试验相结合的方法，以实现钻采采空区的煤矸颗粒气力输送充填为目的，对煤矸颗粒气力输送性能和输送流场静压变化特性进行了研究，为钻采法气力输送充填工艺和系统的设计提供指导。本书主要内容包括钻采法气力输送充填系统设计、煤矸颗粒离散元模型研究、不规则煤矸颗粒气力悬浮仿真与试验研究、气力输送系统管道仿真与试验研究等。

本书可供从事煤炭及矿石物料输送的研究人员、高等院校相关专业师生参考使用。

图书在版编目(CIP)数据

基于气力输送技术的极薄煤层煤炭清洁输送充填研究/杨道龙，高魁东著. —徐州：中国矿业大学出版社，2024.5

ISBN 978-7-5646-5378-1

Ⅰ. ①基… Ⅱ. ①杨… ②高… Ⅲ. ①薄煤层—煤矸石—物料输送系统—研究②薄煤层—煤矸石—采空区充填—研究 Ⅳ. ①TD823.25

中国版本图书馆 CIP 数据核字(2022)第078663号

书　　名　基于气力输送技术的极薄煤层煤炭清洁输送充填研究
著　　者　杨道龙　高魁东
责任编辑　满建康
出版发行　中国矿业大学出版社有限责任公司
（江苏省徐州市解放南路　邮编 221008）
营销热线　(0516)83885370　83884103
出版服务　(0516)83995789　83884920
网　　址　http://www.cumtp.com　**E-mail**:cumtpvip@cumtp.com
印　　刷　徐州中矿大印发科技有限公司
开　　本　787 mm×1092 mm　1/16　**印张** 11　**字数** 215 千字
版次印次　2024 年 5 月第 1 版　2024 年 5 月第 1 次印刷
定　　价　45.00 元

前　言

为了减少或取消钻采工作面煤柱预留、控制采空区顶板沉陷以及避免垮塌事件的发生，促进钻式采煤机及钻采工艺在薄与极薄煤层中的推广使用，我们研制了一种占用空间小、生产效率高、设备构造简单的钻采法充填系统，以弥补传统充填设备由于体积过大、部件沉重而无法应用于钻采采空区的缺点。钻采法充填系统采用气力输送技术将煤炭颗粒输送至井下煤仓、将煤矸颗粒输送充填至钻采采空区，颗粒间及颗粒与流场间的互作用行为直接影响气力输送充填系统的可靠性、输送效率及充填经济性。

本书以煤矸颗粒和气力输送流场为研究对象，采用理论分析、仿真模拟和试验相结合的方法，以实现钻采采空区的煤矸颗粒气力输送充填为目的，对煤矸颗粒气力输送性能和输送流场静压变化特性进行研究，为钻采法气力输送充填工艺和系统的设计提供指导。

本书主要内容包括以下几个方面：

第 1 章：根据我国的薄煤层分布情况，简要介绍了薄煤层钻采法开采、气力输送技术及煤矸充填系统。

第 2 章：根据薄煤层地质条件和钻采法开采技术条件，提出了包含井上煤矸输送井下、顺槽掘进煤矸分选、钻采煤矸充填等三个子工艺的钻采法气力输送充填工艺及系统。

第 3 章：采用离散元法，以堆积密度、孔隙率、休止角及其与实际试验的误差为指标，以颗粒模型、颗粒间互作用系数为正交试验因素，获得了准确可靠的颗粒模型与基础参数。

第 4 章：基于流场中气相连续性方程、动量方程以及湍流传输方程，并考虑颗粒在流场中受到作用力的影响，实现颗粒相与气相的互相耦合，进行了不规则煤矸颗粒气力悬浮仿真与试验研究。

第5章：在进行煤矸颗粒与水平直管流场、弯管流场以及旋流管流场的耦合仿真研究的基础上，以喷射器作为煤矸颗粒气力输送动力源，进行了煤矸颗粒短距离水平输送、弯管输送以及旋流输送试验；并搭建了不同布置形式和管道长度的长距离气力输送充填试验台，验证了长距离气力输送系统的可行性，以期研究成果对实际应用具有指导意义。

第6章：为了更加全面和深入地研究气力输送过程中煤矸颗粒输送特性和流场变化规律，实现钻采法气力输送充填系统在薄与极薄煤层中的高效、经济和可靠应用，列举了三个可进行深入研究的方向。

本书第1、2、6章由杨道龙、高魁东共同撰写，第3、4、5章由杨道龙撰写。

本书在撰写过程中，参考并借鉴了相关专家学者的研究成果和观点，在此表示最诚挚的感谢。本书的研究工作得到了国家自然科学基金项目“煤炭颗粒气力输送中煤泥自脱落和管壁自清洁动力学行为研究”(52075230)、江苏省基础研究计划自然科学基金项目“煤炭气力输送中跨尺度仿生管壁防堵与耐磨机制研究”(BK20221394)、江苏省第六期“333高层次人才培养工程”第三层次培养对象项目和山东省高等学校青年创新团队人才引育计划项目的资助以及江苏师范大学机电工程学院、江苏师范大学摩擦学中心煤炭清洁输送实验室的支持。本书在撰写过程中得到了中国矿业大学张永忠教授、杜长龙教授和李建平教授的指导，江苏中机矿山设备有限公司和徐州采掘机械厂在试验设备加工和实验台的搭建过程中给予了支持和帮助，在此一并表示感谢。

由于作者水平所限，书中错误或不妥之处在所难免，恳请各位读者批评指正！

著 者

2024年2月

目　录

第1章　绪　论

1.1　极薄煤层分布及开采现状

煤炭是我国的主体能源，是保障我国能源安全的“压舱石”。长期以来，煤炭为保障我国经济社会平稳较快发展，降低能源对外依存度，保障国家能源安全发挥了重要作用，具有十分重要的战略地位[1]。2011—2020 年全国一次能源消费总量如表 1-1 和图 1-1 所示。

表 1-1　2011—2020 年全国一次能源消费总量统计

年份	总量/亿 t	煤炭		石油		天然气		一次电力及其他能源	
		总量/亿 t	份额/%	总量/亿 t	份额/%	总量/亿 t	份额/%	总量/亿 t	份额/%
2011	38.7	27.2	70.3	6.5	16.8	1.8	4.7	3.3	8.5
2012	40.2	27.5	68.5	6.8	16.9	1.9	4.7	3.9	9.7
2013	41.7	28.1	67.4	7.1	17.0	2.2	5.3	4.3	10.3
2014	42.8	28.2	65.9	7.4	17.3	2.4	5.6	4.8	11.2
2015	43.4	27.7	63.8	8.0	18.4	2.5	5.8	5.2	12.0
2016	44.1	27.4	62.1	8.2	18.6	2.7	6.1	5.7	12.9
2017	45.6	27.6	60.5	8.6	18.9	3.1	6.8	6.2	13.6
2018	47.2	27.8	58.9	8.9	18.9	3.6	7.6	6.8	14.4
2019	48.7	28.1	57.7	9.3	19.1	3.9	8.0	7.5	15.4
2020	49.8	28.3	56.8	9.4	18.9	4.2	8.4	7.9	15.9

注：能源消费总量划算为标准煤重量。由于四舍五入的原因，表中部分数据存在加总的误差。

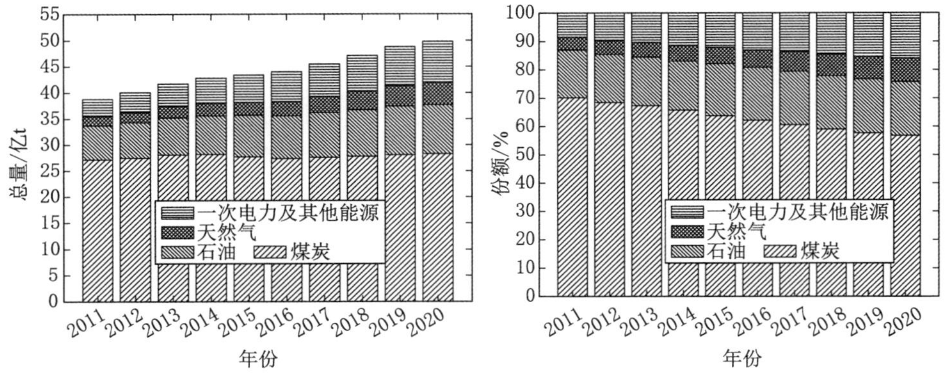

（a）能源消费总量　（b）能源消费份额

图 1-1　2011—2020 年全国一次能源消费总量及份额

由表 1-1 和图 1-1 可见，我国能源消费总量在这 10 年间逐年上升，煤炭消费总量基本不变，但处于绝对主导地位；石油、天然气、一次电力及其他能源的消费总量呈逐年上升势态。从能源消费份额来说，煤炭消费所占份额从 2011 年呈现逐年下降的趋势，石油消费所占份额先上升后基本稳定在 19%左右，而天然气、一次电力及其他能源所占份额逐年增大，表明我国能源消费开始向清洁能源消费转变，但是煤炭消费总量及所占份额仍高居我国能源消费榜首位置。国务院 2004 年批准的《能源中长期发展规划纲要（2004～2020）》的核心就是把节约能源放在首位，大力调整和优化能源结构，坚持以煤炭为主体、电力为中心、油气和新能源全面发展的战略。虽然我国煤炭消费量在能源消费总量中的比例基本稳定，但需求总量仍会维持在较高水平。可预计，在今后相当长的一段时间内，煤炭仍是我国能源结构的主体。因此，稳定煤炭产出，对于我国经济的持续稳定发展具有十分重要的意义。然而，经过多年的高强度开采，我国煤炭资源日益枯竭，同时由于各矿井长期采厚丢薄，厚与中厚煤层资源日趋贫乏[2-4]。为了提高煤炭资源利用率，有效延长矿井服务年限，薄与极薄煤层的开采日益受到重视。

薄煤层是指厚度为 0.8～1.3 m 的煤层，极薄煤层是指厚度小于 0.8 m 的煤层。我国薄与极薄煤层资源分布广泛，储量丰富。据统计[5-6]，我国薄与极薄煤层资源储量占可采储量的 20%，保有工业储量达 98.3 亿 t，可采储量达 61.5 亿 t。我国部分地区薄煤层储量及所占该地区煤炭份额如表 1-2 所列。

表 1-2　我国部分地区薄煤层储量及所占该地区煤炭份额

地区	河北	山西	内蒙古	辽宁	吉林	山东	湖南	贵州	安徽	河南	四川	徐州	大屯
薄煤层/亿 t	3.30	13.8	1.97	1.98	0.65	5.84	0.41	4.64	1.21	5.24	14.8	1.78	1.15
所占份额/%	16.8	17.6	15.1	12.9	18.3	43.9	28.9	37.2	72.0	12.3	51.8	34.0	31.2

根据表 1-2 数据可知，除山西和四川外，其他地区薄煤层储量都小于 10 亿 t，但薄煤层储量占各地区的煤炭份额均高于 10%，尤其是山东、贵州、安徽、四川、徐州和大屯等地的薄煤层所占份额高于 30%，安徽更是达到 72%。然而，我国每年薄煤层产量只占总产量的 10.4%，远远低于其储量所占比例，并有进一步下降的趋势。其主要原因在于[7-12]：薄与极薄煤层采高低，工作空间狭小，采煤设备移动困难；煤层地质条件复杂，采掘比和煤研产出比大；工作面投入大，工作效率及经济效益低下；受地质条件限制，工作面机械化程度较低，工人劳动强度大，安全系数低。因此，大多数煤矿放弃了薄煤层的开采，造成极大的资源浪费。由此可见，发展高性能的薄与极薄煤层开采设备，实现薄煤层的综合机械化，是有效促进薄与极薄煤层安全、高效、大规模开采的根本途径。

根据采煤设备的不同，薄煤层综合机械化开采方法可分为三种：刨煤机采煤法、钻式采煤机采煤法和滚筒采煤机采煤法。由于我国多数薄煤层地质条件复杂，刨煤机采煤法没有得到有效推广[13-16]。滚筒采煤机采煤法虽然采煤效率较高，但该方法对采煤设备尺寸、投入成本及设备间配套的要求较高，导致其在众多薄煤层丰富的中小型煤矿较难推广。与前两种采煤方法相比，钻式采煤机采煤法（简称“钻采法”）利用钻式采煤机进行薄与极薄煤层开采显示出极大优势[17-19]，主要体现在：实现了薄煤层工作面无人或少人开采，改善了工人劳动条件；钻采法开采工艺流程简单，无须支护工作面；装备配套简单，工作面设备投入较少；能实现更小厚度的极薄煤层开采（最低可达 0.35 m），具有比刨煤机采煤法和滚筒采煤机采煤法更强的地质适应性。钻采法的诸多优点使其具有广阔的市场发展前景，利用该采煤方法不但能有效开采薄与极薄煤层，而且其较小的投入成本使其可以在中小型煤矿企业得到推广应用。

但是，钻采法推广应用过程中也存在一些问题，其开采效率低下是限制推广应用的主要因素。因此，为了提高钻采法生产效率，根据 2012 年国家高技术研究发展计划（863 计划）“薄煤层开采关键技术与装备——极薄煤层钻式采煤机关键技术与装备（2012AA062102）”的项目要求，摒弃原先单钻头、三钻头钻式采煤机开采方案，提出开采深度和宽度更大的基于五钻头钻式采煤机的钻采方案。然而，随着钻采法开采深度和宽度的加大，在顶板赋存条件较差的煤层，钻式采煤机退杆过程中易发生煤层垮落现象[20-21]，而且开采煤层时相邻钻孔间需留设煤柱，不仅降低了钻采法工作面的安全性和可靠性，还造成了资源的严重浪费。

对使用大采深、大采宽五钻头钻式采煤机的钻采采空区进行采后充填保护，是解决顶板垮落、减少留煤柱的最理想解决方案，但是如何在狭小的空间中进行充填作业，是钻采法开采薄煤层推广应用的又一障碍。传统充填方法在充填减沉方面取得了一定成果，但仍存在一些问题，如覆岩离层注浆的效率低和连续性不强、水砂充填用水量较大会污染地下水体、膏体（似膏体）充填成本过高[22]、煤矸自溜充填易发生充填不充分[23]、机械化煤矸充填占用井下空间较多[24]、煤矸人工充填费工费力且安全性差[25]等，而且薄煤层含矸量较高，煤层开采高度小，充填工作面作业空间有限，一般充填设备难以进入采空区内部，导致充填作业不全面，存在安全隐患[26]。

为此，引入气力输送技术进行钻采法气力输送充填作业。将薄煤层井下开拓主巷道及顺槽产生的煤矸破碎并输送至钻采工作面，并采用气力输送设备输送充填料至钻采采空区。采用气力输送技术进行钻采采空区充填及煤矸输送，具有易实现平行作业、占用巷道空间较小，物料输运和各种设备配置方便等优点[27-28]，而且将煤矸作为气力充填主料，能有效地兼顾开采经济效益与环境效益，提高煤炭资源的回收率、降低充填成本[29-30]。因此，煤矸颗粒气力输送充填钻采采空区是一种兼顾薄煤层开采经济效益和安全性的绿色开采充填技术方法。

根据以上论述，本书在分析钻采法开采薄煤层工作面地质条件和五钻头钻式采煤机开采技术条件的基础上，以钻采采空区顶板条件和煤矸充填机理为基础，提出钻采法气力输送充填工艺，并设计钻采法气力输送充填系统；以井下煤矸物理及形貌特性为基础，建立符合煤矸颗粒表征特性的三维模型，并结合颗粒接触理论和软球模型，建立煤矸颗粒接触碰撞模型，进行颗粒接触碰撞仿真与试验研究，验证所建立的颗粒三维模型与实际煤矸颗粒之间的关系；以气固两相流理论和煤矸颗粒三维模型为基础，建立煤矸颗粒与输送流场间耦合动力学模型，研究煤矸颗粒与喷射器流场和输送管流场间的耦合动力学行为；在搭建气力喷射实验台和不同输送距离的煤矸颗粒气力输送实验台的基础上，进行煤矸颗粒气力喷射、输送及充填试验研究，结合仿真及试验结果，获得钻采法气力输送充填系统关键设备的合理结构参数。深入研究煤矸气力输送充填的理论问题对丰富开采沉陷理论、促进岩层移动控制技术发展、完善绿色开采技术体系都具有较强的理论意义。同时，研究成果能够为相关政府部门宏观规划和决策提供技术支持，具有较强的现实意义。

1.2 钻采法开采薄煤层概述

钻采法是采用钻式采煤机进行薄煤层开采的一种采煤方法。钻式采煤机是一种可广泛应用于薄与极薄煤层、边角煤、“三下”煤层和保护层开采以及各种煤柱回收的采煤设备。钻式采煤机机组巷道布置如图1-2所示，主要包括钻式采煤机主机（包括减速器、驱动马达、推移液压缸和支撑液压缸等）、液压泵站、自动换钻平台、换钻吊车、钻杆和风筒等组成。

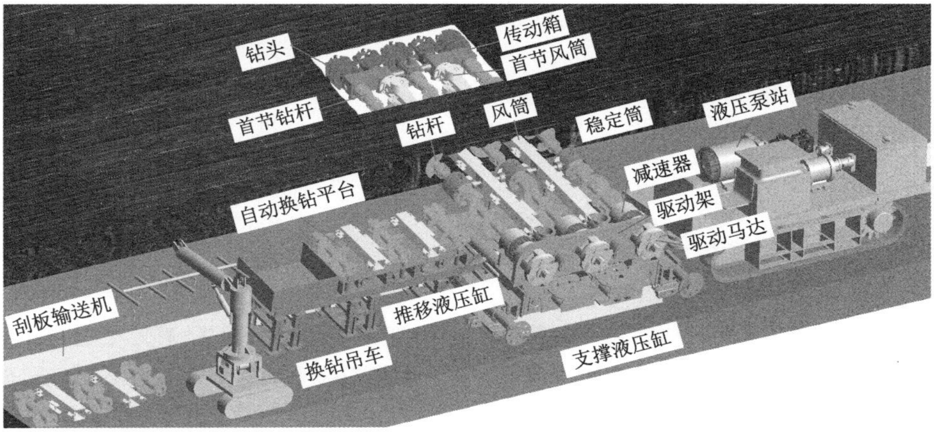

图1-2 钻式采煤机机组巷道布置图

液压泵站牵引五钻头钻式采煤机与自动换钻平台进入顺槽，并控制钻式采煤机主机的四组支撑液压缸伸出支撑在顺槽两帮。换钻吊车将运输巷道中的钻杆、风筒送至顺槽。

当进行钻采作业时，钻式采煤机主机启动，液压泵站向驱动马达供油，驱动马达旋转并通过减速器将动力传递给前端五个钻头。钻头旋转稳定后，推移液压缸供油，通过推动驱动架前进使钻头钻入煤层，并将传动箱、首节钻杆与首节风筒推入煤层。当推移液压缸达到最大行程时，驱动马达停止供油，三节首节钻杆和两节首节风筒与驱动部分离，推移液压缸回缩并带动驱动架向后撤回。同时，换钻吊车将三节钻杆与两节风筒按顺序放置在换钻平台上，并由抱抓固定。当推移液压缸回缩到最大行程时，自动换钻平台的伸缩液压缸供油，推动固定在换钻平台上的钻杆与风筒进入钻式采煤机主机，将钻杆和风筒的连接部分别与驱动架上的连接部相连，微调推移液压缸使钻杆和风筒的另一端连接部分别与首节钻杆和首节风筒的连接部相连。此时,松开钻杆和风筒的抱抓、伸缩液压缸回缩,拉动换钻平台脱离五钻头钻式采煤机主机。再次向驱动马达和推移液压缸供油,使新的钻杆与风筒进入煤层,同时向风筒内通入空气以稀释煤层中的瓦斯气体。当钻杆与风筒全部进入煤层后,重复接钻作业与进钻作业。钻头破碎前端煤层,钻杆将煤块输送至五钻头钻式采煤机下方的刮板输送机上,刮板输送机将煤块运出顺槽。

当达到预定采深时,进行退钻作业。推移液压缸回缩并带动驱动架向后撤回,驱动架将钻杆和风筒拉出煤层。自动换钻平台的伸缩液压缸供油,推动换钻平台进入钻式采煤机主机,并由抱抓固定钻杆和风筒。之后,将钻杆和风筒与前端钻杆、前端风筒以及驱动部分离,伸缩液压缸回撤拉出钻杆和风筒,换钻吊车将钻杆和风筒吊出并放置在规定位置,以便下次采煤使用。同时,推移液压缸伸出,驱动架与前端钻杆和风筒相连,并将其拉出煤层继续退钻作业。当退钻作业完成时,液压泵站牵引五钻头钻式采煤机进入下一个采煤工作面。

1.3 气力输送技术概述

气力输送系统是利用具有一定压力和一定速度的气流在管道中输送粉粒状物料的一种输送系统。气力输送管道中,一般是空气和粉粒物料的混合介质,属于气固两相流范畴。因此,气力输送理论主要是研究气固两相流的基本规律[31]。

气力输送技术最早出现于1810年梅德赫斯特提出了邮件气力输送方案。直到1866年,气力输送技术才正式用来输送棉花和砂等散装物料。1883年,在圣彼得堡港出现了第一台用来卸船舱散装粮食的气力吸粮机。后来,世界多个港口广泛采用气力输送装置来卸运粮食。1925—1926年,荷兰鹿特丹港、德国汉堡港卸运的海运粮食,有近90%采用气力吸粮机[32]。限于当时的工艺技术水平,气力输送技术在较长的一段时间内一直停滞不前,直到20世纪初才用于车间内部的物料输送。经过理论和实践证明,气力输送具有一系列的优点[33]:

① 生产率高,节省劳动力;

② 设备构造简单,装卸容易;

③ 自动化程度高,管理方便;

④ 对环境污染小,有利于环境保护。

尽管气力输送技术经过数百年的发展,仍存在一些难以克服的缺点:

① 与其他机械相比,动力消耗大,管道磨损不可避免;

② 不易输送易固结的黏滞性物料及湿度较大的物料；

③ 生产率及输送距离有一定的限制。

气力输送装置按工作原理可分为负压式和正压式两种类型。负压式气力输送装置是将大气与物料一起吸入管道内，用低于大气压力的气流进行输送，亦称为真空负压输送装置；正压式气力输送装置是利用高于大气压力的压缩空气推动物料进行输送[34-36]。

(1) 负压式气力输送装置

负压式气力输送装置适用于输送流动性较好的粉粒状物料。其可由一点或多点向一处集料，作业范围较广，可以连续供料和连续输送，设备移动方便，适宜于场地狭窄的物料输送。负压式气力输送装置单位能耗比机械式输送装置高，能耗系数为 0.021～0.038 kW·h/(t·m)。由于真空度的限制，输送距离不能过长，物料块度应小于管径的 1/2，且物料黏性不能太高。

负压式气力输送系统如图 1-3 所示，其工作流程如图 1-4 所示。

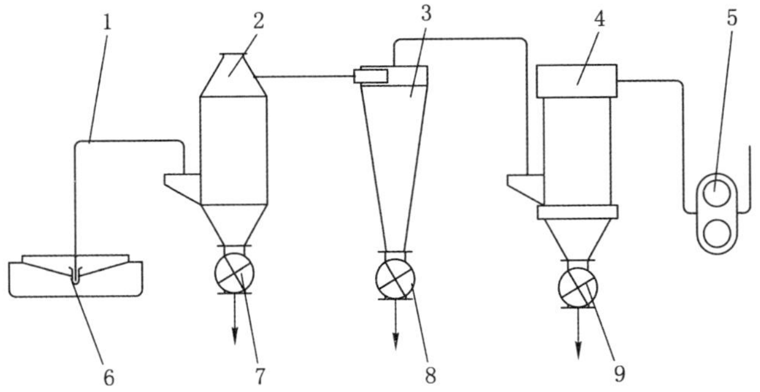

1—输送管；2,3—分离装置；4—净化装置；5—风机；6—吸嘴；7,8—出料器；9—出灰器。

图 1-3　负压式气力输送系统

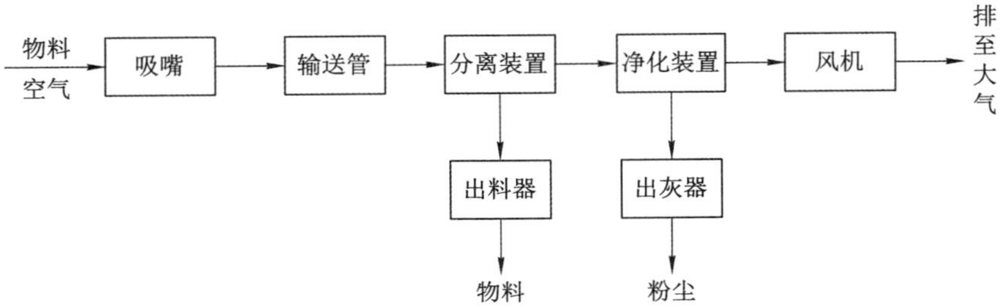

图 1-4　负压式气力输送系统工作流程

由图 1-3 和图 1-4 可见，风机装在负压式气力输送系统的末端，当其运转时，整个系统形成负压。此时，在输送管内外存在压差，空气与物料通过吸嘴一同被吸入输送管中，并在分离装置中分离，被分离的物料由分离装置底部的出料器卸出；空气经过净化装置，除去空气中的灰尘，余下的灰尘由出灰器卸出，净化后的空气经风机排入大气或者循环使用。

负压式气力输送技术有如下特点：

① 生产率高，能自行集料，所需操作工人少，能降低工人劳动强度；

② 构造简单紧凑，安装方便，重量轻，造价低，能减小安装场地负载；

③ 操作灵活简单，使用方便，管理维修费用低；

④ 运动部件少，工作可靠，容易实现自动化；

⑤ 吸送颗粒物料时，输送过程能同时进行通风除尘、蒸发部分水分，降低物料潮湿度；

⑥ 露天作业，不受气候和周围环境条件的影响和限制；

⑦ 输料管内能保持清洁，容易实现一机多用。

（2）正压式气力输送装置

正压式气力输送装置是利用压缩空气压送物料，输料管的压力高于大气压力。根据管道内压力大小，它可分为高压和低压两种。

低压气力输送装置以高压通风机或鼓风机为动力源，系统压力不超过 0.05 MPa，给料装置位于系统高压端，与负压式气力输送装置相比具有较高的混合比和较长的输送距离。由于风机置于给料装置前端，粉尘不经过风机，可减少风机的磨损，而且风机也不受物料温度的限制。

高压气力输送装置的工作压力一般为 0.098～0.685 MPa，适用于高混合比（30～200）的长距离输送（输送距离一般可达 100～500 m，最长可达 1 000～2 000 m）。

正压式气力输送系统如图 1-5 所示，其工作流程如图 1-6 所示。

由图 1-5 和图 1-6 可见，风机装置在系统的前端，物料必须用密闭的加料器进入输送管。当风机工作时，输送管内的压力高于大气压力，物料从料斗经加料器进入输送管中，随空气输送至分离装置中，分离出的物料由出料器卸出，空气经净化装置除尘后排入大气。

正压式气力输送技术有如下特点：

① 适用于长距离、大容量的输送，可采用增压器，能保证长距离输送的可靠性；

② 适用于多点卸料，即可由一点送至多点卸料，或由多点送至一点汇合；

③ 可实现间歇输送或连续输送，易于实现输送过程的自动控制；

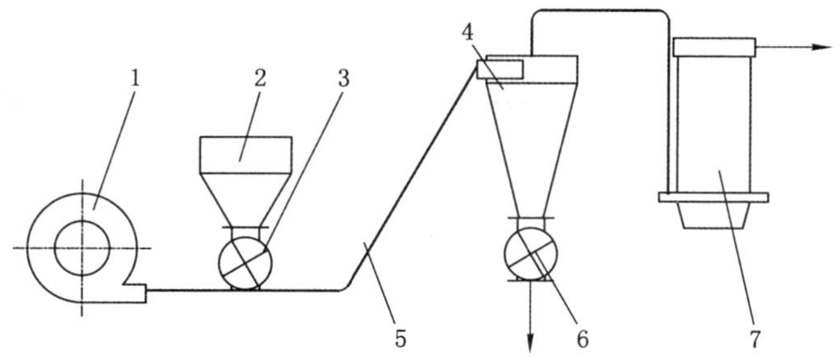

1—风机；2—料斗；3—加料器；4—分离装置；5—管道；6—出料器；7—净化装置。

图 1-5　正压式气力输送系统

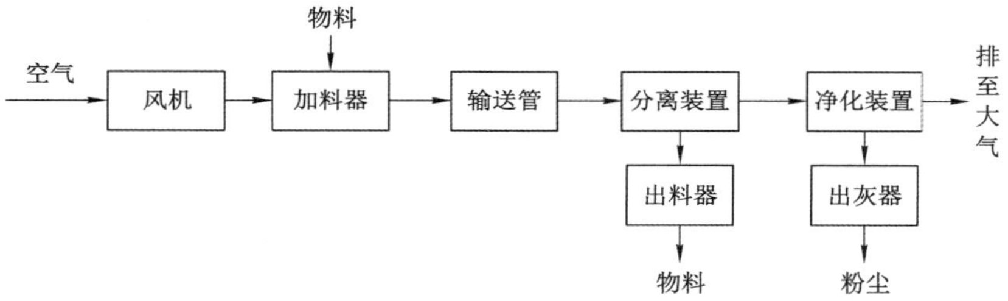

图 1-6　正压式气力输送系统工作流程

④ 混合比高，空气耗量少，输送管道直径较小，分离器和除尘器的结构较为简单；

⑤ 物料进入输送管的供料装置结构较复杂，尤其是连续输送时，既要保持供料器的密封性，又要保证连续供料；

⑥ 由于是正压输送，要求输送管等部件密封性好，否则粉尘逸出影响环境卫生。

由此两种类型的气力输送装置还可派生出其他形式的气力输送装置，如稀相气送装置、密相动压气送装置、流态化气送装置、柱流和栓流密相静压气送装置等。

1.4　煤矸充填系统概述

充填法是一种采空区岩石控制方法，通过用煤矸和砂石等填料充填采空区并靠填料的支撑作用控制顶板下沉和垮落[37]。随着充填采矿法的广泛使用，其工艺技术水平和相应的理论研究也得到了迅速的发展[38]。充填采矿法按充填方式可分为水力充填、风力充填、机械充填、煤矸自溜充填等。按所采用充填材料和输送方式的不同,将充填采矿法分为:用矿车、风力或其他机械输送干式充填料充填采空区的干式充填采矿法;用水力管道输送尾砂、山砂、河砂、炉渣、棒磨砂、碎石等充填料充填采空区的水力充填采矿法;用水泥及其代用品或其他胶凝材料与尾砂等配制成具有胶结性质的充填材料充填采空区的胶结充填采矿法等。目前,矿山应用的充填开采技术主要有以下五种[39-41]:

(1) 胶结充填技术

胶结充填始于20世纪50年代的加拿大,经过几十年的发展,高浓度的胶结充填技术现在已经被大规模应用于实践,包括似膏体充填、膏体充填等。胶结充填材料包括胶结剂、充填骨料和水。胶结剂应满足以下两个条件:形成的胶结充填体达到控制岩层移动和地表变形所需的强度;胶结剂和对应的充填材料成本低廉。新型的材料主要有全砂材料与高水速凝材料。前者所固结的砂土中含泥量可达50%甚至更高,而水泥一般在20%左右;后者能将多倍于自身体积的水凝结成固体,具有速凝早强的特性。

(2) 覆岩离层注浆充填技术

覆岩离层注浆充填是利用矿层开采后覆岩开裂过程中形成的离层空间,借助高压注浆泵,从地面通过钻孔向离层空间注入充填材料,占据采空区空间,支撑离层上位岩层,减缓岩层进一步弯曲下沉,从而达到减缓地表下沉的目的。研究认为采场离层带的产生是有一定条件的,即在煤层上覆岩层中存在硬度明显不同且具有一定厚度的岩层,且通过试验表明,在工作面前后方15~20 m处离层发展最为充分。我国自20世纪80年代后期先后在大屯徐庄煤矿、新汶华丰煤矿、兖州东滩煤矿等进行了离层注浆试验,不同程度地减缓了地表沉陷,取得了一定的实践经验,获得了一定的效果,但对离层注浆的减沉效果尚存在争论。

(3) 冒落煤矸空隙注浆胶结充填减沉技术

该技术利用冒落带岩石的碎胀性,通过注入胶结材料对采空区煤矸进行固结,现在尚处于试验阶段。此充填法有以下特点:浆液充填至采空区冒落煤矸的空隙;浆液凝固后有胶结性能及一定的强度;充填浆液凝固后无水析出,克服了水砂充填排滤水的难题;实现了充填与采煤平行作业。

(4) 粉煤灰部分代替水泥充填技术

在应用水砂胶结充填的矿井中,为了节约生产成本和保护生态环境,一些学者提出用热电厂的粉煤灰代替部分的水泥形成充填料浆,取得了良好的经济与社会效益。研究表明,粉煤灰是一种人工火山灰材料,具有一定的胶结性能,可以部分地代替水泥,在矿山充填领域具有一定的应用前景。

（5）矸石充填技术

煤炭生产中伴随大量的固体废物矸石产生，相关专家学者认为，煤矿排矸带来的问题，可以通过矸石作为充填材料充填在井下得到解决。合理的矸石充填技术能够置换出更多的煤炭资源，从而提高煤炭资源的采出率。矸石充填技术在19世纪50年代的欧洲应用较为普遍。美国在长壁工作面以及近距离煤层开采中，也采用了矸石充填技术。另外，矸石充填技术能控制地表的下沉从而达到加强矿井通风的管理、防止井下煤炭自燃的目的。

1.5　本书主要内容

本书以煤矸颗粒和输送流场为研究对象，结合气力输送充填方法，以实现钻采采空区的煤矸颗粒气力输送充填为目的，对煤矸颗粒与输送流场间互作用动力学行为进行研究，主要研究内容包括以下几个方面：

（1）钻采法气力输送充填系统设计

在研究薄煤层地质条件和钻采法开采技术条件的基础上，提出包含井上煤矸输送井下、顺槽掘进煤矸分选、钻采煤矸充填等三个子工艺的钻采法气力输送充填工艺，并以此构建钻采法气力输送充填系统。在此基础上，结合五钻头钻式采煤机工作流程及结构特性，进行钻采法气力输送充填系统设计，提出钻采法气力输送充填系统中供料装置、增压器以及充填喷头的结构形式，为设计钻采法气力输送充填系统奠定基础。

（2）煤矸颗粒离散元模型研究

为获得影响煤矸颗粒接触动力学特性的因素，将煤矸颗粒之间的互作用视为无黏连的颗粒接触作用，采用离散元法描述颗粒之间的接触作用，建立煤矸颗粒的接触模型。以试验煤层巷道掘进中产生量最多的砂岩煤矸为研究对象，基于煤矸颗粒物理、力学及形貌特性，建立煤矸颗粒的形状特性数学模型，在EDEM离散元软件中建立六种煤矸颗粒离散元模型。为更准确地获得煤矸颗粒离散元模型及其互作用系数，以堆积密度、孔隙率、休止角及其与实际试验的误差为指标，以颗粒模型、颗粒与颗粒间互作用系数以及颗粒与钢间互作用系数为正交试验因素，采用多指标混合正交试验设计安排煤矸颗粒模型仿真，以提高煤矸颗粒离散元模型的准确性，为颗粒之间及颗粒与管壁间的互作用耦合仿真提供准确可靠的颗粒模型与基础参数，并为匹配不规则颗粒的形状特性和物理性质提供参考方法。

（3）不规则煤矸颗粒气力悬浮仿真与试验研究

为获得垂直流场中影响煤矸颗粒动力学特性因素以及适宜的气力垂直输送流场速度，基于欧拉法研究流体运动状态，获得流场中气相连续性方程、动量方程以及湍流传输方程；并考虑颗粒在流场中受到的流体阻力、Saffman 升力、Magnus 升力以及重力等作用力的影响，采用欧拉耦合模型，依托于 Fluent 软件和 EDEM 软件，实现颗粒相与气相的互相耦合。在考虑管壁直径、颗粒形状以及雷诺数与流体阻力系数间关系的基础上，根据粒径法计算煤矸颗粒和当量球体颗粒在垂直流场中的悬浮速度，搭建颗粒悬浮实验台，进行 5～30 mm 粒径范围的煤矸单颗粒和颗粒群悬浮试验；并建立垂直流场中的煤矸颗粒与流场间的耦合仿真模型，在垂直渐变流场中，进行当量球体的单颗粒悬浮仿真以及煤矸颗粒的单颗粒和颗粒群仿真研究，分析煤矸颗粒在流场中的动力学特性；并对比理论计算、实际试验以及仿真模拟获得的煤矸颗粒悬浮速度，为煤矸颗粒气力输送系统中选择合适的流场速度提供理论及试验依据，同时也证明煤矸颗粒模型可以替代实际颗粒进行气力输送仿真研究。

(4) 气力输送系统管道仿真与试验研究

为获得气力输送系统管道内煤矸颗粒输送性能，在进行煤矸颗粒与水平直管流场、弯管流场以及旋流管流场的耦合仿真研究的基础上，分析不同粒径煤矸颗粒在不同流场下的颗粒与流场互作用耦合动力学特性，获得流场耦合仿真相关参数及颗粒运动特性；并以喷射器为煤矸颗粒动力源，分别进行煤矸颗粒短距离水平输送、弯管输送以及旋流输送试验，以获得煤矸颗粒在水平流场、弯管流场以及旋流流场下颗粒输送性能和流场静压变化规律。在此基础上，进行煤矸颗粒长距离气力输送充填试验，依据井下实际工况条件，分别搭建不同布置形式和管道长度的长距离气力输送充填实验台，获得煤矸颗粒输送特性和流场静压变化特性。结合之前研究成果，验证长距离气力输送系统的可行性，以期研究成果对实际应用具有指导意义，为钻采法气力输送充填系统的工业性试验奠定坚实可靠的试验基础。

参考文献

[1] 刘炯天. 关于我国煤炭能源低碳发展的思考[J]. 中国矿业大学学报(社会科学版), 2011, 13(1): 5-12.

[2] 钱鸣高. 煤炭产业特点与科学发展[J]. 中国煤炭, 2006, 32(11): 5-8.

[3] 钱鸣高, 许家林. 煤炭工业发展面临几个问题的讨论[J]. 采矿与安全工程学报, 2006, 23(2): 127-132.

[4] 钱鸣高，许家林，缪协兴. 煤矿绿色开采技术[J]. 中国矿业大学学报，2003，32(4)：343-348.

[5] 弋永杰，王衍春，马志刚. 薄煤层开采：从骨头缝里剔肉[N]. 中国煤炭报，2011.

[6] 简煊祥，黄晟，林毅. 浅析薄煤层螺旋钻采煤技术[J]. 技术与市场，2011，18(6)：10.

[7] 刘法根，谢康兴. 薄煤层机械化开采新技术[J]. 煤炭技术，2010，29(11)：50-51.

[8] 任德玉. 薄煤层开采存在的问题与机械化采煤技术[J]. 价值工程，2011，30(9)：6.

[9] 郎国军，苑雪涛，严海纲. 薄煤层开采技术的新趋势[J]. 煤矿机械，2011，32(6)：1-2.

[10] 任德玉. 我国薄煤层开采与刨煤机在新强矿的应用[J]. 山东煤炭科技，2011(2)：26-27.

[11] 米小瑞. 薄煤层煤炭开采现状分析和对策[J]. 科技资讯，2011(23)：108-109.

[12] 苏俊彦，李光荣，李明，等. 极薄煤层综采技术的研究与应用[J]. 工矿自动化，2011，37(9)：89-92.

[13] 温庆华. 薄煤层开采现状及发展趋势[J]. 煤炭工程，2009，41(3)：60-61.

[14] 李华炜，师皓宇. 薄煤层无人工作面机械化开采技术分析与实践[J]. 中国安全生产科学技术，2010，6(6)：61-65.

[15] 吕文玉. 国内外薄煤层开采技术和设备的现状及其发展[J]. 中国矿业，2009，18(11)：60-62.

[16] 周学斌，贺学. 螺旋钻采煤技术在极薄煤层开采中的应用[J]. 煤炭工程，2010，42(3)：48-50.

[17] 张涛，范雪飞，顾颖诗，等. 螺旋钻采煤机在里彦煤矿的应用[J]. 煤矿现代化，2008(2)：17-18.

[18] 刘过兵，刘建功，王进学. 螺旋钻机无人工作面采煤技术经济论证与分析[J]. 华北科技学院学报，1999，1(4)：6-8.

[19] 段跃春. 三轴螺旋式薄煤层采煤机技术应用探讨[J]. 山西焦煤科技，2005，29(10)：17-18.

[20] 赵辉. 赵庄二号井大采高钻式综采工作面矿压显现规律研究[D]. 焦作：河南理工大学，2011.

[21] 廖洪波. 螺旋钻式采煤机在极薄煤层开采中的应用研究[J]. 科技创新导

报,2013,10(31):9-10.
[22] 孙凯年.我国充填采矿法综述[C]//第二届矿山采矿技术进展报告会论文集.北京:中国金属学会,1991.
[23] 袁静宜.矸石自溜充填技术[J].中国煤炭.2008,34(11):57-58
[24] 刘建功,赵庆彪,张文海,等.煤矿井下巷道矸石充填技术研究与实现[J].中国煤炭,2005(8):36-38.
[25] 刘同有.充填采矿技术与应用[M].北京:冶金工业出版社,2001.
[26] 王守安,温旭友.急倾斜薄煤层走向长壁分带仰斜采煤法采空区矸石充填[J].黑龙江科技信息,2009(30):78.
[27] 王新民,古德生,张钦礼.深井矿山充填理论与管道输送技术[M].长沙:中南大学出版社,2010.
[28] 赵庆彪,韩红利,谢宏,等.大孔径垂直管道投放井矸石固体散料运动规律初探[J].华北科技学院学报,2012,9(1):33-35.
[29] 董涛,张道平,赵红超.浅析我国矸石充填采煤法研究现状及发展前景[J].山东煤炭科技,2010(1):65-66.
[30] 褚夫祥.矸石充填采煤法[J].山东煤炭科技,2011(6):17-19.
[31] 李诗久,周晓君.气力输送理论与应用[M].北京:机械工业出版社,1992.
[32] 黄标.气力输送[M].上海:上海科学技术出版社,1984.
[33] 杨伦,谢一华.气力输送工程[M].北京:机械工业出版社,2006.
[34] 程克勤,陈宏勋.气力输送装置[M].北京:机械工业出版社,1993.
[35] 余洲生.气力输送及其应用[M].北京:人民交通出版社,1989.
[36] STOESS H A. Pneumatic conveying[M]. 2nd ed. New York:Wiley,1983.
[37] 许家林,朱卫兵,李兴尚,等.控制煤矿开采沉陷的部分充填开采技术研究[J].采矿与安全工程学报,2006,23(1):6-11.
[38] COWLING R. Twenty-five years of mine filling-developments and directions[C]//Sixth international symposium on mining with backfill. Brisbane:[s. n.],1998.
[39] 冯振忠.井下巷道矸石充填输送机的研制及应用[J].矿山机械,2006,34(11):86-88.
[40] 马恒强,邱亮.气力输送原生矸石充填系统的研究[J].煤矿安全,2013,44(1):109-111.
[41] 袁秋新.低压气力输送矸石管道充填技术研究与应用[J].中国煤炭工业,2010,36(5):49-50.

第 2 章　钻采法气力输送充填系统设计

钻式采煤机一般用于薄与极薄煤层开采，当煤层顶底板条件较差时，钻采过程中会发生顶板跨落、底板下沉等事故。随着生产力的发展以及创新技术的应用，原有的单钻头和双钻头钻式采煤机逐渐被三钻头和四钻头钻式采煤机取代。本书基于的五钻头钻式采煤机更是将换钻高效化、整机模块化、机身小型化以及钻进定向化等理念和技术引入了钻采法设备与钻采工艺中，极大地提高了钻采效率和钻采设备的可靠性。随着钻机功率和钻头数量的增加，钻孔截面面积也随之增大，为了增强钻孔的稳定性，钻孔间的预留煤柱也随之增大，这不仅造成了资源的浪费，还降低了钻采工作面的可靠性，特别是在“三下”煤层和顶底板条件较差的煤层，增加了突发事故的概率。

本章设计了一种结合五钻头钻式采煤机的钻采法气力输送充填工艺与系统，利用气力输送设备占用空间小、生产效率高、设备构造简单等优点，进行钻采法气力输送充填系统设计，以减少或取消煤柱预留、控制采空区顶板沉陷、预防采空区垮塌事件的发生，并弥补传统充填设备由于体积过大、设备沉重而无法应用于钻采采空区的缺点。钻采法气力输送充填系统，采用气力输送技术进行煤矸输送与充填作业，将工作面开采的原煤进行煤矸分选，分选后的煤炭通过气力输送系统输送至井下煤仓，分选得到的矸石与井下开拓主巷道及顺槽掘进时的矸石通过气力输送系统输送并充填至采空区。该系统具有易实现平行作业、节省巷道空间、方便物料输运和设备配置等优点，而且将矸石作为气力充填主料，能有效地兼顾开采经济效益与环境效益，提高煤炭资源的采出率、降低充填成本，对实际生产具有较强的指导意义。

2.1　煤层地质条件及钻采法开采技术条件

根据 2012 年国家高技术研究发展计划（863 计划）“薄煤层开采关键技术与装备——极薄煤层钻式采煤机关键技术与装备（2012AA062102）”的项目要求，五钻头钻式采煤机在河北省邯郸市峰峰矿区的邯郸通顺矿业有限公司（简称“通顺公司")进行井下工业性开采试验。由于五钻头钻式采煤机为薄与极薄煤层开采的新装备,且试验煤层采用新钻采工艺进行煤炭开采,因此,对工业性试验的安全性和试验煤层的顶底板条件提出较高要求,且当钻采煤层存在顶板垮塌迹象或煤层上方地面存在村镇、商铺或楼房时,钻采作业过程中必须预留煤柱或充填采空区。

2.1.1 煤层地质条件

(1) 开采区域概述

五钻头钻式采煤机试验煤层为中央盘区伏青煤层。该区域位于峰峰矿区和村镇与通顺公司之间,和村镇金村南部 450 m 处。东部为邢都公、跃峰渠,南部为和村镇梯田,西部有部分村庄,北部为和村镇金村,多为二层楼房和商铺,局部地方建有五层楼房,和村镇的香醋街位于本开采区正上部。

(2) 煤层情况

工业性试验煤层区域位于顺通公司井田中央盘区西南部。该区东北部为通顺公司主副井及井底车场,东南部为七皮带、七轨道和 F_{46} 断层,西南部为一水平伏青大巷,北部为 F_{41} 断层和一水平大巷。试验煤层区域的上部山青煤层已被开采,上部为 0671、0672、0673、0675 工作面采空区,煤层情况如表 2-1 所列。试验煤层为单斜构造,区内断层发育,地层走向为 N10°—37°W,倾向 N53°—80°E。地层倾角为 12°～18°,平均为 15°。根据钻孔资料分析,伏青煤层为简单结构煤层,分布稳定且结构较简单,煤层厚度一般为 0.5 m,埋深在 229.7～393.2 m,煤层顶底板情况如表 2-2 所列。

表 2-1 中央盘区伏青煤层煤层情况

走向长度/m	倾斜长度/m	煤层倾角/(°)	面积/m^2	煤层总厚/m	煤层结构
420～1 100	200～520	12～18	353 000	0.5	简单
平均 800	平均 441	平均 15			

表 2-2 中央盘区伏青煤层顶底板情况

顶底板名称	岩石名称	厚度/m	岩性特征
基本顶	页岩	4.9	顶板多呈黑色碳质页岩,中部含砂岩并有木化石
直接顶	灰岩	3.7	暗褐色、灰色,质地不纯,含海百合茎等动物化石
直接底	细砂岩	2.3	黑色,平均厚度 2.3 m,岩石不单一,部分被砂质岩石代替
基本底	砂质页岩	5.3	黑色、细致多成带状细砂砾,呈互层状

(3) 巷道支护情况

巷道规格：净宽 3 600 mm，中净高 2 300 mm。

支护方式一：伏青灰岩巷道采用锚网索支护。顶板采用锚网索支护，锚杆直径 20 mm，长度 2 000 mm，间排距 800 mm，矩形布置；每根锚杆使用 CK2835 和 Z2835 型树脂锚固剂各 1 卷，设计锚固力 100 kN，初锚扭矩不小于 200 N・m；铸钢托盘规格为 120 mm×120 mm×10 mm；钢筋网为 ϕ6 mm 钢筋焊接而成，网片规格为 1 700 mm×900 mm，网孔规格为 100 mm×100 mm，搭接长度为 100 mm。锚索直径 17.8 mm，长度 6 500 mm，每排 2 根，间距 1 600 mm，排距 3 200 mm，矩形布置，钢托板规格为 300 mm×300 mm×16 mm；每根锚索使用 1 卷 CK2360、2 卷 Z2360 型树脂锚固剂，设计锚固力 300 kN，预紧力不小于 150 kN。两帮采用锚网支护，锚杆直径 18 mm，长度 1 800 mm，间排距 1 000 mm，矩形布置，其余支护参数同上。

支护方式二：两帮采用锚网支护，锚杆直径 18 mm，长度 1 800 mm，间排距 1 000 mm，矩形布置；每根锚杆使用 CK2835 和 Z2835 型树脂锚固剂各 1 卷，设计锚固力 100 kN，初锚扭矩不小于 200 N・m；铸钢托盘规格为 120 mm×120 mm×10 mm。

(4) 地质构造情况

根据勘探钻孔等地质资料分析，试验煤层区域构造以次生断层为主，主要断层为盘区东北边界 F_{41} 断层和东南边界 F_{46} 断层，其他断层均为本井田的中序次构造。

F_{41} 断层走向 N17°—20°E、倾向 N73°—80°W、倾角 50°～73°，为正断层且落差变化较大，落差在 20～40 m，但 F_{41} 断层位于本盘区东南部，与盘区相对较远，对本盘区开采影响不大。F_{46} 断层走向 N17°—25°E、倾向 N73°—65°W、倾角 55°～70°，为正断层且落差变化较大，落差在 15～25 m，F_{46} 断层位于本盘区西北部，为本盘区的西北角边界，对盘区局部开采有一定影响。F_{41} 断层和 F_{46} 断层是钻孔资料和预计剖面推断分析预计构造，控制程度一般。在断层附近地应力集中，小断层发育，有待掘进时进一步验证。

根据本区曾经开采的上部山青煤层 0671、0672、0673、0675 工作面资料，试验开采区域存在 4 个陷落柱，对本区的煤炭储量和开采产生一定影响。

(5) 存在问题及建议措施

根据以上地质及煤层条件，该煤层存在以下问题：

① F_{41} 断层和 F_{46} 断层的控制程度较低，有待开掘过程中的进一步验证；

② 由于开采煤层位于和村镇上部，地表有大面积住房和商铺，开采过程中需要做好居民安置工作，并及时有效地控制采空区沉陷；

③ 开采煤层存在 4 个陷落柱，有待验证和加强防水等安全管理；

④ 上部山青煤层已经开采，距离上部采空区较近，应做好防范措施；

⑤ 部分山青煤层采空区存在积水，掘进时应提前进行探放。

2.1.2 钻采法开采技术条件

五钻头钻式采煤机主要技术参数如表 2-3 所列，结合煤层赋存条件，可确定五钻头钻式采煤机钻采深度、钻孔尺寸以及钻孔布置等钻采工艺参数。

表 2-3 五钻头钻式采煤机主要技术参数

项目	参数	项目	参数
适应煤层厚度/mm	420～520	钻头直径/mm	425
适应煤层倾角/(°)	+30～−15	采煤宽度/mm	2 200
仰采钻深/m	70±10	钻杆长度/mm	900
俯采钻深/m	30±10	钻杆直径/mm	380
辅助功率/kW	18.5	截割转速/(r/min)	55～60
装机功率/kW	293.5	推进速度/(m/min)	0～1.2(可调)
电压等级/V	1 140	截割功率/kW	200+75
钻具更换时间/min	5	年产量/万 t	6
巷道截面/mm	高 2 000	工作班制(8 h)	第一班:钻进 70 m
	宽 2 500		第二班:退钻、充填、检修

根据表 2-3 中五钻头钻式采煤机主要技术参数，钻式工作面钻孔布置如图 2-1 所示。由于开采区上部存在大量住房和商铺，为增加钻孔和采空区的稳定性，两相邻钻孔之间预留宽 500 mm 的煤柱，且部分钻采采空区必须进行充填作业。

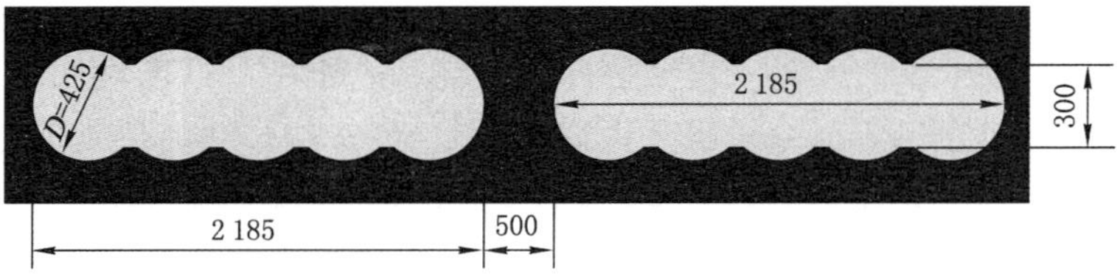

图 2-1 五钻头钻式采煤机钻孔布置图

2.2 钻采法气力输送充填工艺与系统

由于煤层地质条件要求，钻采作业时必须对部分采空区进行充填作业。因此，本节根据钻采工作面井下实际工况，设计了钻采法气力输送充填工艺与系统，其流程如图 2-2 所示[1-2]。该充填工艺由井上矸石输送井下工艺、顺槽掘进煤矸分选工艺和钻采矸石充填工艺三种子工艺组成，这三种子工艺相辅相成并有机结合在一起。

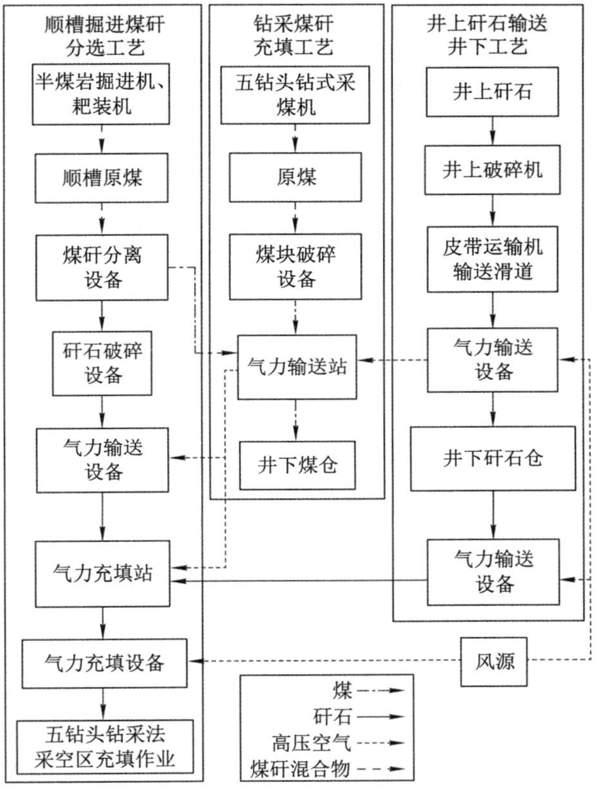

图 2-2　钻采法气力输送充填工艺流程

钻采法气力输送充填工艺，将井上堆积的矸石与井下开采过程中产生的矸石一同通过气力输送技术充填至钻采采空区，这不仅能够解决大采宽、大采深钻采采空区顶板垮落问题，而且采用气力输送技术进行矸石充填及煤炭输送，弥补了现有设备的不足之处，改变了井下输送格局，减少了巷道建造成本。同时，采用矸石作为充填主料，解决了矸石堆积、污染环境等问题，具有广泛的实用性。

2.2.1　井上矸石输送井下工艺与系统

以矸石等固体废弃物为充填材料充填钻采采空区，可解决固体废弃物排放和地表塌陷等问题，具有重要的现实意义和广阔的应用前景。为了将井上堆积的矸石输送到井下进行钻采采空区充填，本书提出了一种安全高效的井上矸石输送井下工艺，其设备布置如图 2-3 所示，设备包括井上皮带运输机、井上矸石破碎机、矸石输送滑道、井下皮带运输机、井下矸石破碎机以及大型矸石气力输送设备等。

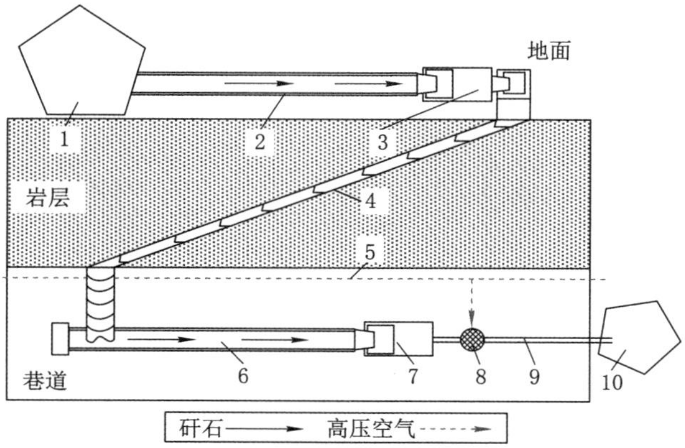

1—井上矸石仓；2—井上皮带运输机；3—井上矸石破碎机；4—矸石输送滑道；
5—高压气体输送管道；6—井下皮带运输机；7—井下矸石破碎机；
8—大型矸石气力输送设备；9—矸石输送管道；10—井下矸石仓。

图 2-3　井上矸石输送井下工艺设备布置图

井上矸石仓的出料口连接井上皮带运输机，井上皮带运输机的另一端与井上矸石破碎机进料口相连，井上矸石破碎机出料口连接矸石输送滑道进料口，矸石输送滑道的出料口与井下皮带运输机相连，井下皮带运输机的另一端与井下矸石破碎机进料口相连，井下矸石破碎机出料口通过大型矸石气力输送设备与矸石输送管道相连，矸石输送管道通入井下矸石仓。

井上矸石输送井下工艺流程如下：

① 将井上矸石山堆积的矸石集中至井上矸石仓；

② 井上矸石仓中的矸石通过井上皮带运输机送入井上矸石破碎机；

③ 井上矸石破碎机将矸石破碎为粒度 100 mm 以下的矸石颗粒，输送至矸石输送滑道进料口；

④ 矸石输送滑道将矸石颗粒输送至井下皮带运输机；

⑤ 井下皮带运输机将矸石颗粒输送至井下矸石破碎机进料口；

⑥ 井下矸石破碎机将矸石颗粒再次破碎至 30～50 mm 粒径的矸石颗粒，并输送至大型矸石气力输送设备；

⑦ 由高压气体输送管道提供动力的大型矸石气力输送设备通过矸石输送

管道将矸石颗粒输送至井下矸石仓。

井上矸石输送井下系统如图 2-4 所示[3]。该系统由井上矸石料仓、井上皮带运输机、井上破碎机、矸石输送滑道、缓冲袋、井下皮带运输机、井下破碎机、大型气力输送设备、物料输送管道和高压气体输送管道等组成。井上矸石料仓的出料口位于水平螺旋输送机Ⅰ的上料端上方，水平螺旋输送机Ⅰ的卸料端位于井上皮带运输机的下端(即上料端)，井上皮带运输机的上端(即卸料端)位于井上破碎机的进料口上方，井上破碎机的出料口位于水平螺旋输送机Ⅱ的上料端上方，水平螺旋输送机Ⅱ的卸料端位于矸石输送滑道的矸石输送入料器进口，矸石输送滑道出口的缓冲袋位于井下皮带运输机的下端(即上料端)上方，井下皮带运输机的上端(即卸料端)位于井下破碎机的进料口上方，井下破碎机的出料口连接大型气力输送设备。高压气体输送管道为大型气力输送设备提供动力，并将矸石颗粒输送至井下矸石仓，作为钻采采空区充填主料。

所设计的井上矸石输送井下系统，先将矸石在井上进行初步破碎，然后将破碎后的矸石通过输送滑道输送至井下，在井下对矸石颗粒进行再次破碎，以满足气力输送系统对颗粒粒径的要求，最后再通过气力输送装置输送至井下矸石仓，作为采空区回填主料。该系统中所有部件的电动机均为煤矿井下防爆电动机，电压为 380/660 V；水平螺旋输送机Ⅰ和水平螺旋输送机Ⅱ的输送能力为 300 t/h；井上皮带运输机和井下皮带运输机的输送量为 260 t/h，输送粒度为 0～100 mm，运输机机体倾斜长度为 13 m，皮带采用阻燃胶带，运输机的上端垂直高度为 3 m，井下皮带运输机下端水平段的长度为 800 mm，高度为 600 mm；矸石输送滑道的处理能力为 500～800 t/h；井上破碎机的最大入料粒度为 300 mm，出料粒度在 100 mm 以下，处理能力为 200～600 t/h；井下破碎机的最大入料粒度为 100 mm，出料粒度在 30～50 mm，处理能力为 200 t/h，井下破碎机的安装高度小于 300 mm；大型气力输送设备的气流压力为 0.4～0.5 MPa，耗风量为 250～300 m^3/h，物料输料管道的管径为 100 mm，输送量为 30～35 m^3/h，输送最大距离为 500 m。

井上矸石输送井下系统可安全高效地将矸石从井上堆积区输送到井下的巷道或硐室中，节省了地面矸石堆积占地面积，降低了地表塌陷危险，节约了环境治理费用，且该设备结构紧凑，所占空间小，拆装方便，具有较强的实用性。

2.2.2　顺槽掘进煤矸分选工艺与系统

顺槽掘进煤矸分选工艺的设备布置如图 2-5 所示，设备包括半煤岩掘进机、耙装机、顺槽用煤矸分选设备、顺槽用气力输送设备、顺槽用煤矸破碎机以及小型煤矸气力输送设备等。

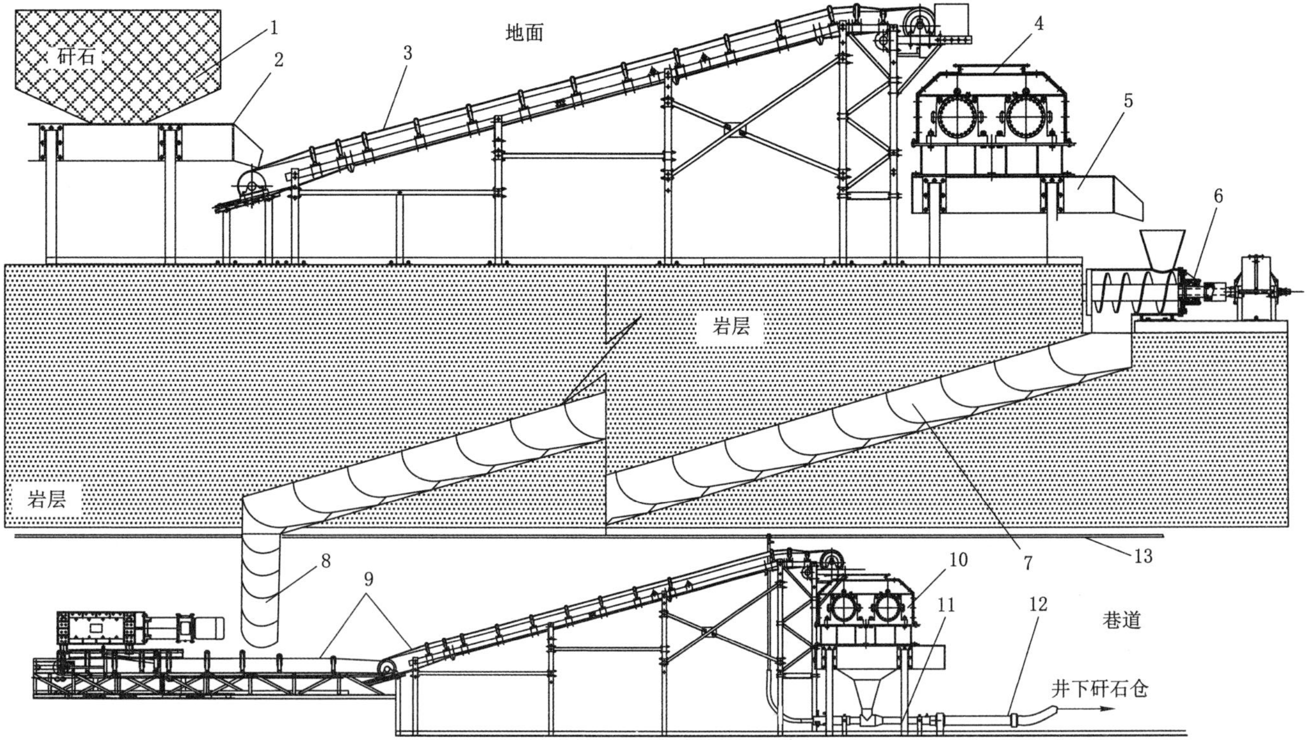

1—井上矸石料仓；2—水平螺旋输送机I；3—井上皮带运输机；4—井上破碎机；5—水平螺旋输送机Ⅱ；6—矸石输送入料器；7—矸石输送滑道；8—缓冲袋；9—井下皮带运输机；10—井下破碎机；11—大型气力输送设备；12—物料输送管道；13—高压气体输送管道。

图2-4　井上矸石输送井下系统

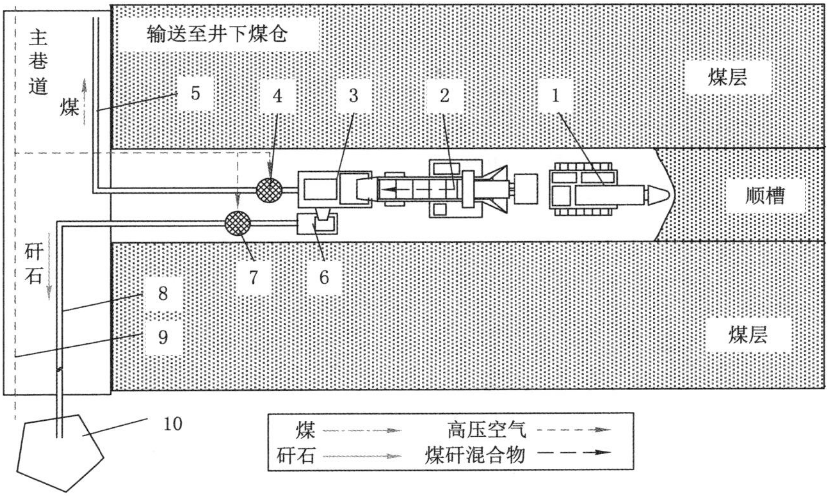

1—半煤岩掘进机；2—耙装机；3—顺槽用煤矸分选设备；4—顺槽用气力输送设备；
5—煤块输送管道；6—顺槽用煤矸破碎机；7—小型煤矸气力输送设备；
8—煤矸输送管道；9—高压气体输送管道；10—井下煤矸仓。

图 2-5　顺槽掘进煤矸分选工艺设备布置图

耙装机尾随半煤岩掘进机，将截割下的煤和矸石装入顺槽用煤矸分选设备，顺槽用煤矸分选设备通过顺槽用气力输送设备与煤块输送管道连接，煤块输送管道通入井下煤仓；顺槽用煤矸破碎机通过小型煤矸气力输送设备与煤矸输送管道相连，煤矸输送管道通入井下煤矸仓。

顺槽掘进煤矸分选工艺流程如下：

① 半煤岩掘进机在顺槽进行掘进作业；

② 耙装机尾随半煤岩掘进机将采掘下来的煤和矸石输送至顺槽用煤矸分选设备；

③ 顺槽用煤矸分选设备分选煤和矸石，将煤破碎为 50 mm 以下的煤块颗粒，并输送至顺槽用气力输送设备；

④ 由高压气体输送管道提供动力的顺槽用气力输送设备将煤块颗粒通过煤块输送管道输送至井下煤仓；

⑤ 同时，顺槽用煤矸分选设备将分选出的煤矸送入顺槽用煤矸破碎机；

⑥ 顺槽用煤矸破碎机将煤矸破碎至 30～50 mm 粒径的煤矸颗粒，并输送至顺槽用气力输送设备；

⑦ 顺槽用气力输送设备由高压气体输送管道提供动力，并将煤矸颗粒通过

煤矸输送管道输送至井下煤矸仓。

井下原煤直接分选并充填采空区是解决煤矸占用耕地和环境污染的最佳方法，也是提高煤矿经济效益和社会效益的有效措施，同时也能为井下充填提供充填材料。本书设计的煤矸分选及气力输送系统如图 2-6 所示，系统由顺槽用煤矸分选设备（包括煤矸破碎装置和煤矸分选装置）、顺槽用煤矸破碎机、顺槽用气力输送设备和小型煤矸气力输送设备等组成。

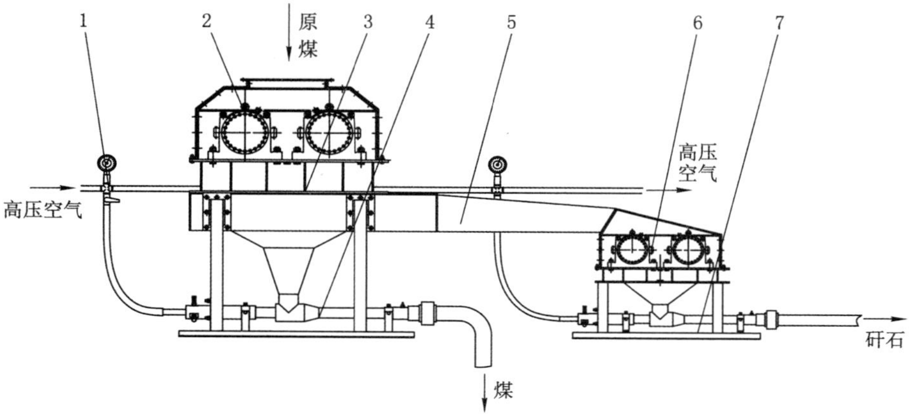

1—输气管；2—煤矸破碎装置；3—煤矸分选装置；4—顺槽用气力输送设备；
5—输送板；6—顺槽用煤矸破碎机；7—小型煤矸气力输送设备。

图 2-6　煤矸分选及气力输送系统

煤矸分选及气力输送系统将煤矸分选系统、煤矸破碎系统与气力输送系统有机结合在一起。煤矸破碎装置将原煤破碎通入煤矸分选装置，煤矸分选装置筛下的煤块进入顺槽用气力输送设备，顺槽用气力输送设备将煤块送入井下煤仓；煤矸分选装置未筛下的煤矸通过输送板输送至煤矸破碎机中，并通过煤矸破碎机下部连接的小型煤矸气力输送设备送至井下煤矸仓或气力充填站。

煤矸分选及气力输送系统可根据井下的实际工况，将气力输送系统布置于井下运输系统中，顺槽用气力输送设备将分选出的煤块直接送入井下煤仓，小型煤矸气力输送设备将煤矸送至煤矸仓或气力充填站作为充填主料；这不仅解决了井下煤和煤矸的运输问题，节约了井下空间，还为井下采空区充填提供大量原料，且其设备占用井下空间小，提高了井下空间的使用率。

2.2.3　钻采煤矸充填工艺与系统

2.2.3.1　钻采煤矸充填工艺

钻采煤矸充填工艺将井上煤矸及顺槽掘进产出的煤矸充填五钻头钻式采煤

机采空区。当钻采作业单独进行时，将存储在井下煤矸仓中的煤矸充填采空区；当钻采与顺槽掘进并行作业时，将顺槽掘进产出的煤矸直接充填采空区。

（1）钻采作业单独进行

当钻采作业单独进行时，钻采煤矸充填工艺的设备布置如图 2-7 所示，设备包括五钻头钻式采煤机、充填管、刮板输送机、煤块破碎机、大型煤矸气力输送设备、气力充填站、气力输送站、煤块输送管道和煤矸输送管道等。

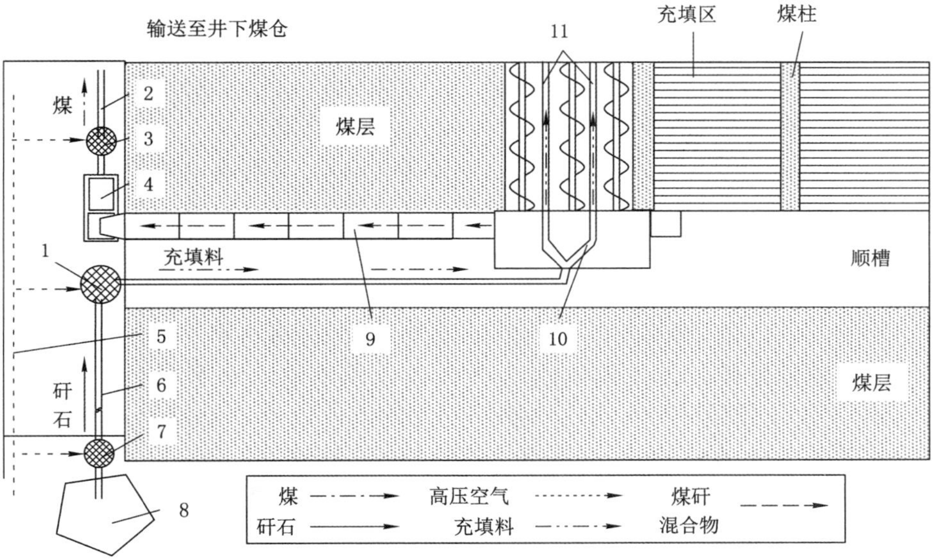

1—气力充填站；2—煤块输送管道；3—气力输送站；4—煤块破碎机；
5—高压气体输送管道；6—煤矸输送管道；7—大型煤矸气力输送设备；8—井下矸石仓；
9—刮板输送机；10—五钻头钻式采煤机；11—充填管。

图 2-7　钻采作业单独进行时设备布置图

两组充填管分别架设在五钻头钻式采煤机两钻杆之间，五钻头钻式采煤机主机前方布置刮板输送机，刮板输送机与主巷道中的煤块破碎机相连，煤块破碎机通过气力输送站与煤块输送管道连接，煤块输送管道通入井下煤仓。井下煤矸仓通过大型煤矸气力输送设备和煤矸输送管道与气力充填站连接，气力充填站与充填管相连，充填管通入五钻头钻式采煤机采空区。

钻采作业单独进行时的钻采煤矸充填工艺流程如下：

① 当五钻头钻式采煤机进行开采作业时，两组充填管与五钻头钻式采煤机的工作机构一同钻入煤层；

② 开采出的原煤通过刮板输送机输送至主巷道中的煤块破碎机；

③ 煤块破碎机将原煤破碎为 50 mm 以下的煤块颗粒，并输送至气力输送站；

④ 气力输送站由高压气体输送管道提供动力，将破碎后的煤块颗粒通过煤块输送管道输送至井下煤仓；

⑤ 井下煤矸仓中储存的煤矸颗粒通过大型煤矸气力输送设备和煤矸输送管道输送至气力充填站；

⑥ 气力充填站由高压气体输送管道提供动力，并将井下煤矸仓中的煤矸颗粒与水泥、粉煤灰等充填配料混合，以备充填使用；

⑦ 当钻式采煤机进行退杆作业时，气力充填站将混合后的充填料通过煤矸输送管道输送至安装在五钻头钻式采煤机上的两组充填管内；

⑧ 两组充填管分别将充填料输送至钻采采空区，进行煤矸充填作业，同时钻式采煤机液压马达驱动钻头反转，以增强充填效果。

(2) 钻采与顺槽掘进并行作业

当钻采与顺槽掘进并行作业时，钻采煤矸充填工艺的设备布置如图 2-8 所示，设备包括五钻头钻式采煤机、刮板输送机、充填管、煤块破碎机、小型及大型煤矸气力输送设备、气力充填站、气力输送站、半煤岩掘进机、耙装机、顺槽用煤矸分选设备、顺槽用煤矸破碎机、顺槽用气力输送设备、煤块输送管道和煤矸输送管道等。

钻采与顺槽掘进并行作业时的钻采煤矸充填工艺流程如下：

① 将顺槽掘进作业产出的煤通过顺槽用煤矸分选设备及顺槽用气力输送设备送入气力输送站；

② 同时，钻采作业产出的煤通过煤块破碎机破碎后输送至气力输送站；

③ 气力输送站将顺槽掘进作业与钻采作业产出的煤输送至井下煤仓；

④ 顺槽掘进产出的煤矸经过煤矸破碎机破碎至 30～50 mm 煤矸颗粒后，通过小型煤矸气力输送设备输送至气力充填站；

⑤ 同时，井下煤矸仓中的煤矸颗粒通过大型煤矸气力输送设备输送至气力充填站；

⑥ 气力充填站将煤矸颗粒与水泥、粉煤灰等其他充填配料混合，以备充填使用；

⑦ 当钻式采煤机进行退杆作业时，气力充填站将混合后的充填料通过煤矸输送管道输送至安装在钻式采煤机上的充填管内；

⑧ 充填管将充填料输送至钻采采空区，进行充填作业，同时钻式采煤机液压马达驱动钻头反转，以防止充填物料流出采空区。

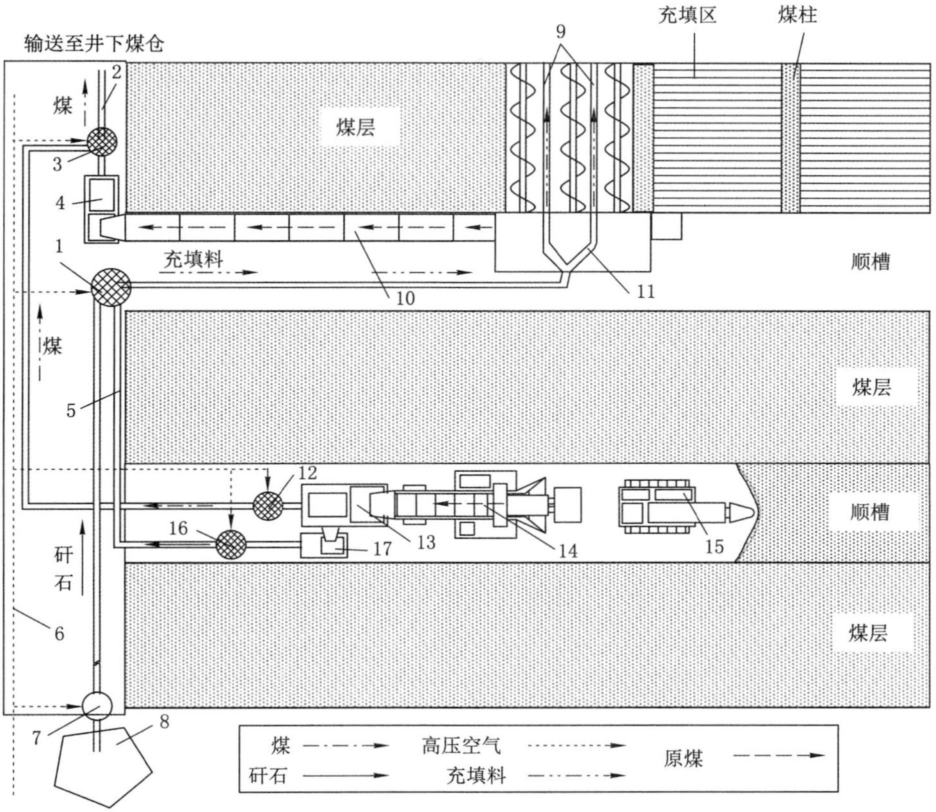

1—气力充填站；2—煤块输送管道；3—气力输送站；4—煤块破碎机；5—煤矸输送管道；
6—高压气体输送管道；7—大型煤矸气力输送设备；8—井下矸石仓；9—充填管；
10—刮板输送机；11—五钻头钻式采煤机；12—顺槽用气力输送设备；13—顺槽用煤矸分选设备；
14—耙装机；15—半煤岩掘进机；16—小型煤矸气力输送设备；17—顺槽用煤矸破碎机。

图 2-8　钻采与顺槽掘进并行作业时设备布置图

2.2.3.2　煤矸气力充填系统

煤矸气力充填系统与五钻头钻式采煤机相结合，将煤矸气力输送系统输送的煤矸充填至钻采采空区。根据充填喷头的布置位置，煤矸气力充填系统可分为喷头外置式和喷头内置式两种。

(1) 喷头外置式煤矸气力充填系统

喷头外置式煤矸气力充填系统的充填喷头安装在五钻头钻式采煤机前端钻头的侧面，如图 2-9 所示，系统由煤矸输送管组件和充填喷头组成。两组喷头外

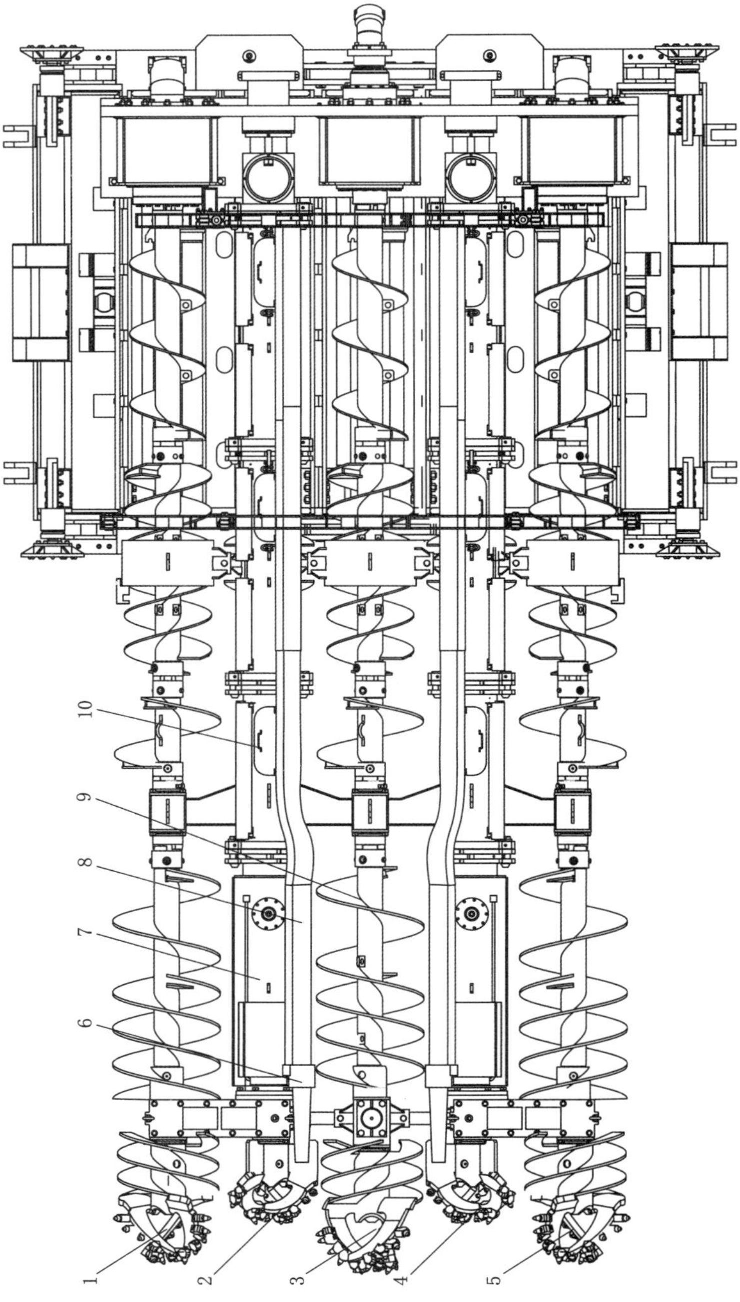

1—右大钻头；2—右小钻头；3—中间钻头；4—左小钻头；5—左大钻头；6—充填喷头；7—通风箱；8—煤矸输送管组件；9—钻杆；10—风筒。

图2-9 喷头外置式煤矸气力充填系统

置式煤矸气力充填系统对称安装在五钻头钻式采煤机中间钻杆的两侧，并通过输送管支架固定在五钻头钻式采煤机的通风管一侧，充填喷头通过喷头支架固定在五钻头钻式采煤机的通风箱一侧，两组充填喷头的布置方式如图 2-10 所示。

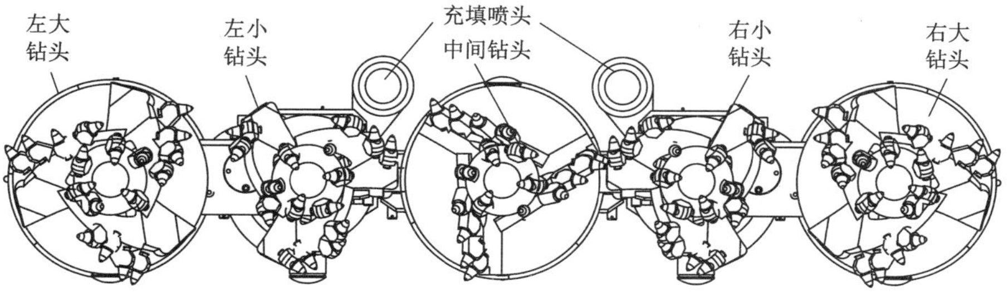

图 2-10　充填喷头布置方式

在采煤作业开始时，充填喷头随钻头一起钻入薄煤层，并向开采区通入高压空气以减少开采区瓦斯含量；在采煤作业结束时，钻式采煤机进行退杆作业，钻杆和钻头反转，同时充填物料经煤矸输送管组件、充填喷头进入采空区。喷头外置式煤矸充填系统只需要在原有的五钻头钻式采煤机通风箱与通风管上安装输送管支架，即可进行钻采采空区充填作业，该系统结构合理、设备简单并且占用井下空间小。但当煤层煤质脆性较低、钻头钻进开采煤层碰落效果较差时，由于钻孔大小有限，充填喷头与煤壁孔有一定干涉，严重时会造成输料管磨损泄漏等问题。因此，本书在喷头外置式煤矸气力充填系统的基础上，设计了喷头内置式煤矸气力充填系统。

(2) 喷头内置式煤矸气力充填系统

为了防止充填喷头与煤孔壁发生干涉，本书设计了喷头内置式煤矸气力充填系统，如图 2-11 所示[4]，它由煤矸输送管组件和充填钻头等组成。与通风箱相连的两个钻头为充填钻头，充填钻头为中空结构，通过充填管、中空齿轮轴等与煤矸输送管组件在通风箱对接。喷头内置式煤矸充填系统的工作流程与喷头外置式相同。

根据薄煤层井下实际工况，将充填钻头应用到五钻头钻式采煤机上，钻头截齿排布和螺旋叶片安装与原有钻式采煤机钻头相似，不影响钻头的开采作业。

钻采法气力输送充填工艺与系统将井上堆积的煤矸和巷道掘进产生的煤矸充填到采空区，不仅解决了井下煤矸的存放和运输问题，节约了井下空间，还实现了钻式采煤机的开采作业与充填作业紧密相连，同时避免了因开采跨度和深度的增加而造成的采空区塌陷和设备损坏等问题。该工艺有利于增强薄与极薄

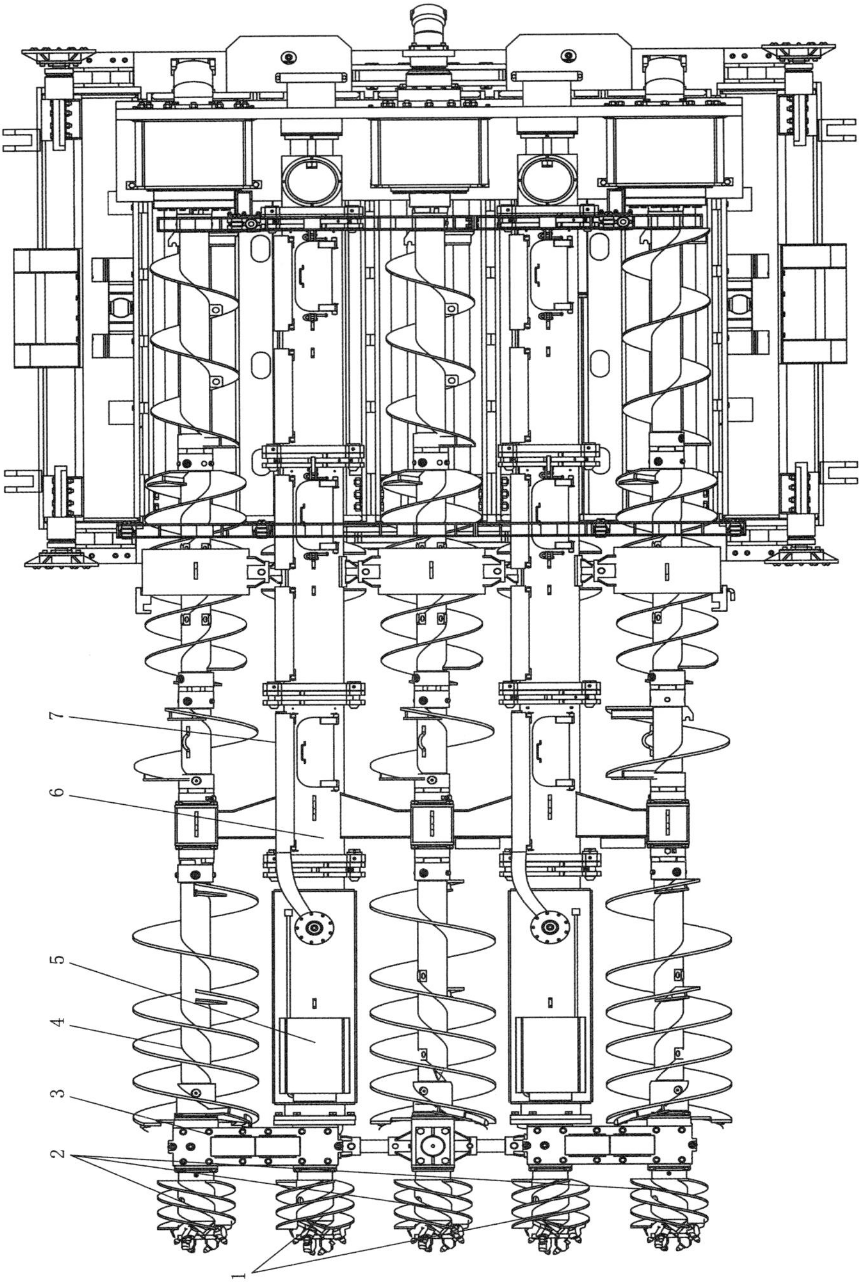

1—充填钻头；2—螺旋钻头；3—传动箱；4—钻杆；5—通风箱；6—通风管；7—煤矸输送管组件。

图2-11　喷头内置式煤矸气力充填系统

煤层的可开采性与安全性，提高煤矿企业经济效益和社会效益，符合绿色采煤、绿色生产的要求。

2.3　钻采法气力输送充填系统设计

为了减少或取消煤柱预留、控制采空区顶板沉陷以及预防采空区垮塌事件的发生，本书在原有五钻头钻式采煤机组的基础上增加了气力充填设备。传统的充填设备多采用机械输送方式[5]，如带式输送机、刮板输送机、螺旋输送机等，这些机械输送方式受到煤层工作面空间的限制无法进入钻采采空区内部，而气力输送设备属于流体输送方式，其占用井下空间小，具有生产效率高、设备构造简单、利于环境保护等优点[6-7]。气力输送设备不仅能满足水平方向、倾斜向上方向的输送要求，而且可用于弯曲的输送。因此，采用气力输送方法进行钻采采空区充填作业，建立钻采法气力输送充填系统，并研究钻采法气力输送充填设备与工艺，设计供料装置、增压器以及充填喷头的结构形式，以期为钻采法气力输送充填系统的设计提供指导。

2.3.1　气力输送系统设计

为了弥补薄煤层井下输送技术中的不足之处，本书设计一种结构简单、体积小、拆装方便、可直接用于井下煤和煤矸的气力输送系统，如图 2-12 所示[8]。

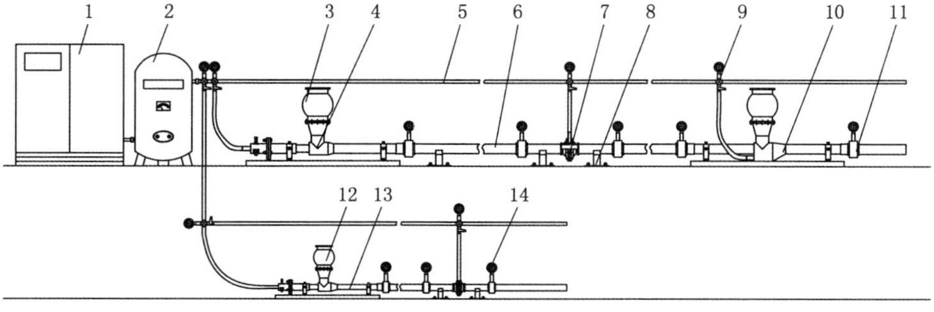

1—压缩机；2—储气罐；3—大型旋转供料器；4—大型喷射器；5—高压气体输送管；6—物料输送管；7—增压器；8—管道支架；9—分风阀；10—加料喷射器；11—管道连接法兰；12—小型旋转供料器；13—小型喷射器；14—压力表。

图 2-12　气力输送系统

由图 2-12 可见，该系统由压缩机、储气罐、大型气力输送设备(包括大型旋转供料器、大型喷射器、加料喷射器和管道支架)、小型气力输送设备(包括小型旋转供料器、小型喷射器、增压器和管道支架)以及高压气体输送管和物料输送管等组成。压缩机和储气罐布置在井下硐室中，大型及小型气力输送设备、高压气体输送管和物料输送管有序地布置于井下运输系统中。压缩机将通风系统中的空气加压，并通入储气罐中，储气罐将加压空气稳定后送入高压气体输送管中，并通过高压气体输送管上分风阀向各个设备提供高压空气，高压气体输送管的分支分别与大型气力输送设备、小型气力输送设备、加料喷射器以及增压器相连。根据钻采法井下实际需要，气力输送系统输送距离为 100～300 m，设备所用的电气设备和电动机均为防爆设备。

大型气力输送设备主要用于煤块颗粒的输送，大型旋转供料器安装在大型喷射器上端，大型喷射器进气端通入高压气体，出料端通过管道连接法兰与输送管相连。输送管间断布置增压器，以补充输送过程中的气流压降。根据实际需求安装加料喷射器，主要用于多工作面情况下的煤块颗粒输送。

小型气力输送设备主要用于煤矸颗粒的输送与充填，小型旋转供料器安装在小型喷射器上端，小型喷射器进气端通入高压气体，出料端通过管道连接法兰与输送管相连。输送管间断布置增压器，以补充输送过程中的气流压降，输送管最终将煤矸颗粒送入井下煤矸仓或气力充填站。

(1) 加料喷射器

气力输送系统采用喷射器(大型喷射器、小型喷射器或加料喷射器)作为物料初级动力源。气力输送喷射器是一种应用非常广泛的流体机械，它利用工作流体的射流作用传递能量[9]。自 20 世纪 20 年代部分学者开始对气力输送技术研究以来，经众多专家学者的深入研究，气力输送技术得到了长足的发展，气力输送广泛应用于石油、化工、粮食、运输及电站等领域。喷射器是气力输送供料的关键设备[10-11]，为满足不同气力输送的需要，气力输送喷射器的结构差异较大，本章设计的气力输送喷射器结构如图 2-13 所示。

气力输送喷射器工作过程如下：煤矸颗粒通过入料段以一定角度进入喷射器接受段；高压空气经风管产生高速空气射流，并与接受段内的煤矸颗粒进行能量交换，而高速空气射流会在入料段附近产生低压区，可防止物料或灰尘的溢出；在混合段内，高压空气与煤矸颗粒混合形成混合流体，并加速运动，通过后端连接的气力输送管路完成煤矸颗粒的气力喷射及输送工作。

为减少煤矸颗粒进入接受段时受到高速气流冲击而产生的压力损失，将入料段倾斜，使煤矸颗粒在水平方向上有一定初速度。入料段与接受段之间的夹角为 φ_1；煤矸颗粒进入接受段后由于粒径较大，多处于接受段底端，为提高高速

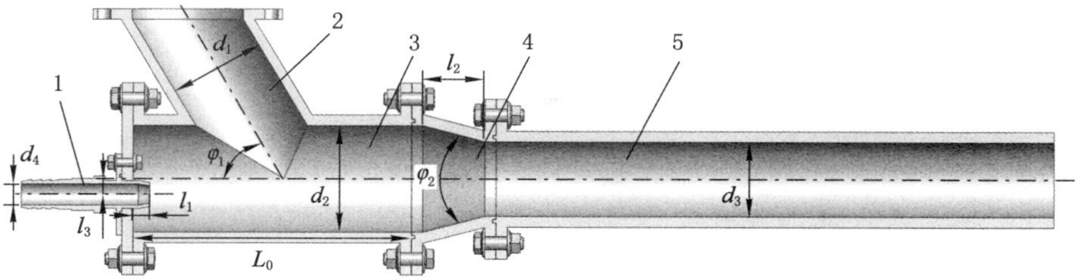

1—高压喷嘴；2—入料段；3—接受段；4—渐缩段；5—混合段。

图 2-13　气力输送喷射器结构布局

气流的利用率，将高压喷嘴向下移动一定距离，使高速气流与煤矸颗粒充分作用，入料段轴线与接受段轴线的距离为 l_3；由于混合段与气力输送管相连，混合段的内径 d_3 应与气力输送管内径相同，即 $d_3 = D$；熊源泉等[12-15]、杨道龙等[16-18]对气力喷射器性能进行了研究，认为高压喷嘴的内径 d_4、高压喷嘴出口长度 l_1、渐缩段长度 l_2 和接受段内径 d_2 以及渐缩段夹角 φ_2 等参数对喷射器性能有较大影响。

（2）增压器

增压器为增压补气装置，可使超过输送距离的物料继续输送，保证输送物料的可靠性，并且可以起到排堵疏导的作用。常用的增压器形式有缝隙式和涡流式，如图 2-14 所示。

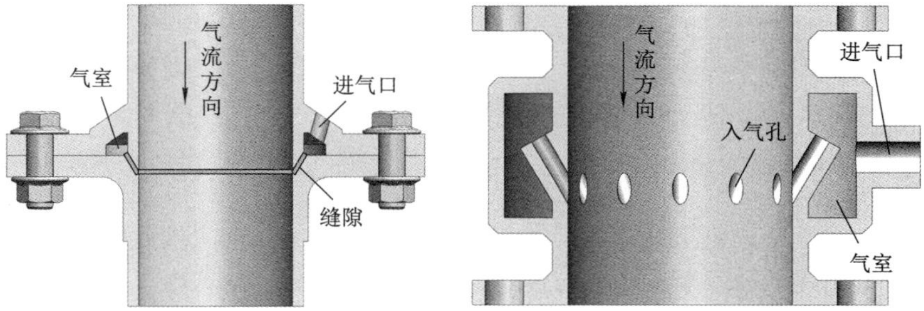

（a）缝隙式增压器　　（b）涡流式增压器

图 2-14　缝隙式和涡流式增压器结构

缝隙式增压器由两个连接法兰盘拼接而成。在输送管道外部，两法兰盘之间形成一气室，并留有进气口；在输送管道内部，两法兰盘之间留有一定缝隙或斜槽，补充气流从缝隙或斜槽中进入输送管道。涡流式增压器为焊接结构，补充气流从进气口进入气室，再由入气孔进入输送管道。

本书用旋流式增压器进行增压补风，旋流式增压器是在原有涡流式增压器的基础上将入气孔在空间内倾斜布置而成，如图 2-15 所示。补充的气流具有旋流特性，可使沉积在管道底部的颗粒重新进入流场进行输送。

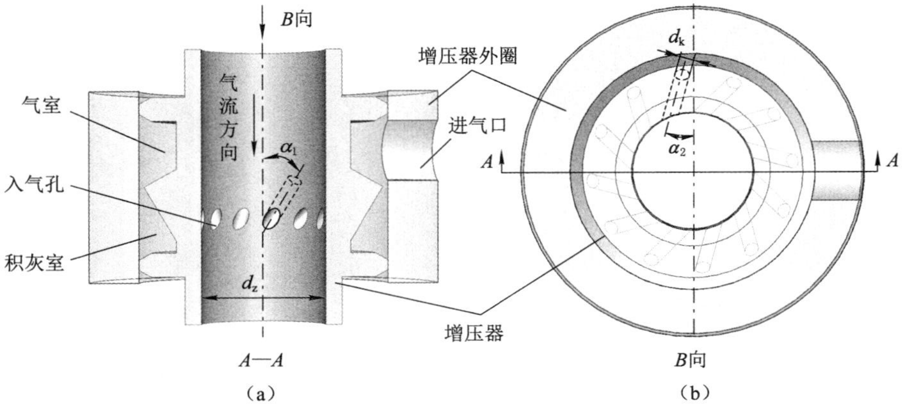

图 2-15　旋流式增压器结构

旋流式增压器由增压器外圈和增压器组成，增压器外圈采用硬质橡胶制成，增压器内径与气力输送管内径相同，即 $d_z=D$，增压器凸缘与增压器外圈之间为过盈配合，入气孔外缘凸台将增压器外圈与增压器围成的空间分为气室和积灰室两部分，此种结构可以将进入气室内的小颗粒以及灰尘暂时储存在积灰室内，防止颗粒或灰尘堵塞入气孔，入气孔与气流方向的夹角为 α_1、入气孔与纵断面的夹角为 α_2 且入气孔直径 d_k 不大于输送物料颗粒的最小直径。

2.3.2　气力充填系统设计

气力充填系统包括喷头外置式气力充填系统和喷头内置式气力充填喷头两种。外置式气力充填喷头为收缩喷管结构，而内置式气力充填喷头为缩放喷管结构。由于外置式气力充填喷头放置在两个钻头之间，工作空间有限，采用收缩管结构可避免喷头与煤岩的接触磨损；内置式气力充填喷头安置在钻头内部，钻进开采过程中难以避免地会有煤块进入喷头内，采用缩放管结构可方便清理喷头内部的煤块，防止喷头堵塞。

(1) 喷头外置式气力充填系统

喷头外置式气力充填系统的煤矸输送管组件与钻杆并排设置。如图 2-16 所示，设备包括充填喷头、增压喷射组件、通风箱、输送管、增压组件等。不同输送管端部之间通过增压组件相连，位于钻头一端的输送管与充填喷头之间通过增压喷射组件相连。输送管包括并排安装的输料管和输气管，输气管内通入高压气体，输料管内通过高压气体输送煤矸颗粒，输气管通过增压组件向输料管提供高压气流，增压组件将高压气流变为旋转流场，减少输送管内煤矸堵塞。图 2-16中的增压组件和增压喷射组件如图 2-17 所示。

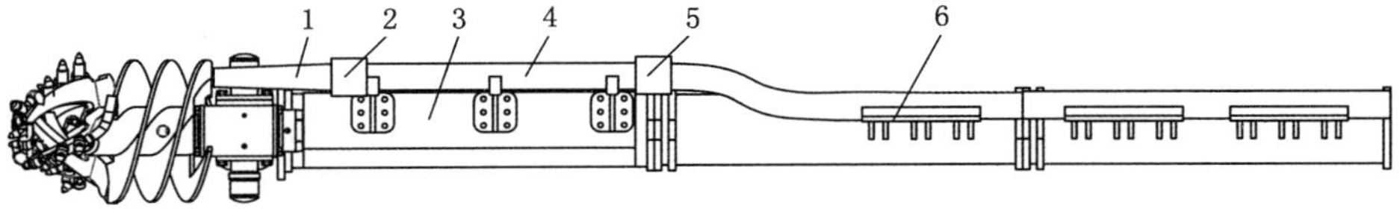

1—充填喷头；2—增压喷射组件；3—通风箱；4—输送管；5—增压组件；6—输送管支架。

图 2-16　充填喷头与煤矸输送管

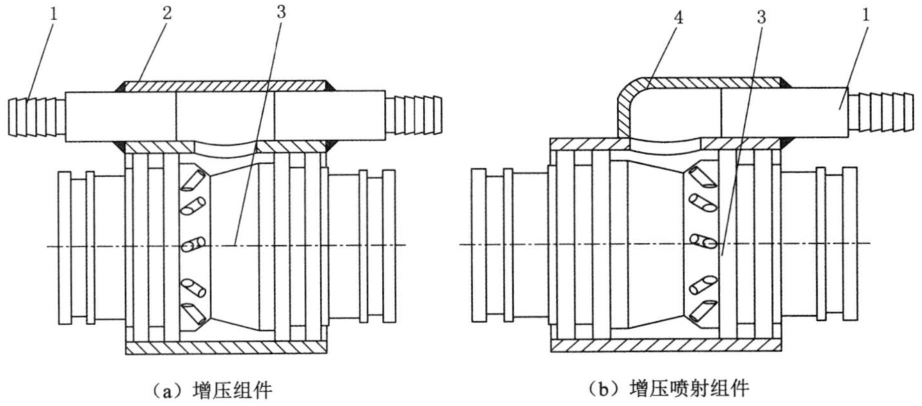

1—进气管；2—增压管套；3—增压管；4—增压喷射管套。

图 2-17　增压组件与增压喷射组件

增压组件如图 2-17(a)所示，包括两组进气管、增压管套和增压管。增压组件的增压管两端通过连接法兰分别与两组输料管连接，增压管的中段周侧均布增压通孔，增压通孔与输料管相连。增压组件的增压管套两端分别与进气管采用焊接相连，输气管之间通过进气管与增压管套相连。增压管套上开设通孔，通孔与输气管相连，增压管和增压管套之间为过盈配合。增压喷射组件如图 2-17(b)所示，包括进气管、增压管和增压喷射管套。增压管一端通过连接法兰与输料管连接，另一端与喷头连接，如图 2-18 所示。增压喷射组件的增压管套一端封闭，另一端与进气管采用焊接相连。

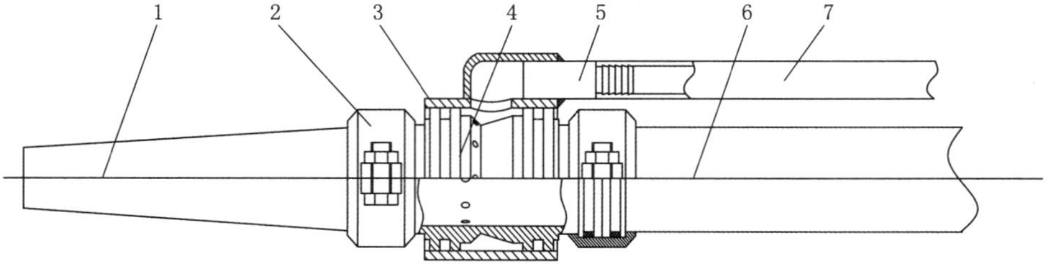

1—喷头；2—连接法兰；3—增压喷射管套；4—增压管；5—进气管；6—输料管；7—输气管。

图 2-18 充填喷头连接结构

（2）喷头内置式气力充填系统

喷头内置式气力充填系统的充填钻头与煤矸输送管组件如图 2-19 所示，充填钻头主要由螺旋钻头、充填管、中空齿轮轴、入料直管、橡胶管和入料弯管等组成。

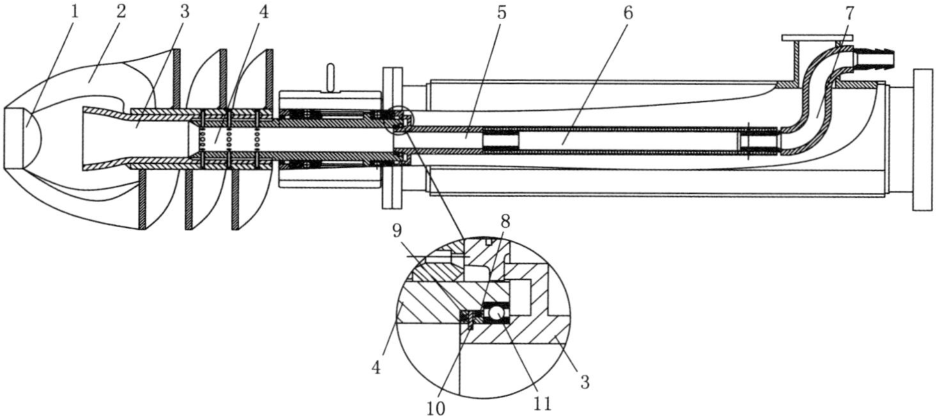

1—半球形分流板；2—螺旋钻头；3—充填管；4—中空齿轮轴；5—入料直管；6—橡胶管；7—入料弯管；8—O 形密封圈；9—固定销；10—封油挡盘；11—深沟球轴承。

图 2-19 充填钻头与煤矸输送管组件

通风箱内部设有入料直管、橡胶管、入料弯管。充填管前端呈喇叭口状，设在螺旋钻头的中空筒毂内，充填管前端的钻头端盘焊接有半球形分流板，呈喇叭口状的充填管管口距半球形分流板的距离为 100～200 mm。充填管套装在传动箱前端的中空齿轮轴伸出端，螺旋钻头和充填管通过螺栓与中空齿轮轴固定。中空齿轮轴的另一端与通风箱内部的入料直管相连，入料直管通过卡爪与传动箱的端盖相接触，以确保入料直管不随中空齿轮轴转动，入料直管与中空齿轮轴连接一端通过深沟球轴承与旋转密封连接，入料直管通过橡胶管与入料弯管连接，入料弯管与通风箱外部的输送管相连。输送管为连续橡胶管，架设在通风管外部，与煤矸气力输送系统相连。旋转密封包括封油挡盘、设在封油挡盘上的 O 形密封圈和固定封油挡盘的多个固定销。

参考文献

[1] 中国矿业大学. 一种薄煤层五钻头钻式采煤机充填设备及方法：CN201410282589.9[P]. 2014-09-24.

[2] YANG D L，LI J P，XING B S，et al. Recent patents on gangue pneumatic filling for coal auger mining method[J]. Recent patents on mechanical engineering，2018，11(1)：31-40.

[3] 中国矿业大学. 一种井上矸石回填井下采空区的方法及设备：CN201310064800[P]. 2013-06-05.

[4] 中国矿业大学. 一种钻式采煤机充填钻头：CN201410283354.1[P]. 2016-02-10.

[5] 冯振忠. 井下巷道矸石充填输送机的研制及应用[J]. 矿山机械，2006，34(11)：86-88.

[6] 马恒强，邱亮. 气力输送原生矸石充填系统的研究[J]. 煤矿安全，2013，44(1)：109-111.

[7] 袁秋新. 低压气力输送矸石管道充填技术研究与应用[J]. 中国煤炭工业，2010，36(5)：49-50.

[8] 中国矿业大学. 煤矿井下矸石气力输送充填方法及设备：CN201310178338.1[P]. 2013-09-25.

[9] 薛凤娟. 气液两相喷射器的实验研究[D]. 大连：大连理工大学，2008.

[10] MUSCHELKNAUTZ E，GIERSIEPEN G，RINK N. Strömungsvorgänge bei der zerkleinerung in strahlmühlen[J]. Chemie ingenieur technik，1970，42(1)：6-15.

[11] 郑金宝，史慧玲，梁译远. 气固喷射器的理论和实验研究[J]. 水泥，1993(7)：14-18.

[12] XIONG Y Q，ZHANG M Y，YUAN Z L. Three-dimensional numerical simulation method for gas-solid injector[J]. Powder technology，2005，160

(3):180-189.

[13] 熊源泉,袁竹林,章名耀.加压条件下气固喷射器输送特性的三维数值模拟[J].化工学报,2004,55(10):1638-1643.

[14] 熊源泉.气固喷射器输送特性的试验研究及其三维数值模拟[D].南京:东南大学,2003.

[15] 熊源泉,章名耀.加压气固喷射器内静压分布特性的试验研究[J].热能动力工程,2004,19(2):148-152.

[16] 杨道龙,李建平,郑克洪,等.井下文丘里湿喷机喷嘴位置的仿真模拟及实验[J].煤炭学报,2013,38(9):1692-1696.

[17] YANG D L,LI J P,DU C L,et al. Injection performance of a gas-solid injector based on the particle trajectory model[J]. Advances in materials science and engineering,2015,871067.

[18] YANG D L,XING B S,LI J P,et al. Experimental study on the injection performance of the gas-solid injector for large coal particles[J]. Powder technology,2020,364:879-888.

第 3 章　煤矸颗粒离散元模型研究

矸石是掘进、开采、选煤过程中排放的固体废物，是在成煤过程中与煤层伴生的一种含碳量较低、比煤坚硬的黑灰色岩石，主要有巷道掘进中的掘进矸石、煤层开采中从顶底板及夹层里采出的矸石以及选煤时挑拣出的矸石几种。煤炭和矸石颗粒的粒度、密度、强度、坚固性系数、弹性模量、泊松比、堆积密度和孔隙率等物理特性，以及颗粒形状、矿物成分、结晶程度、颗粒连接情况、层理与裂隙分布情况、风化程度等颗粒结构特性，对煤和矸石在气力输送过程中的颗粒之间接触行为有较大影响。

3.1　研究现状

煤炭颗粒气力输送过程中，颗粒形状、颗粒间互作用系数以及颗粒与接触面间的互作用系数，是基于计算流体力学与离散元耦合的气力输送仿真模拟的重要参数[1]。煤炭和矸石颗粒及普通岩石颗粒都具有多样性和不规则的形状特性，颗粒形状、颗粒间以及颗粒与接触面间的互作用系数一直是广大学者研究的热点。

传统的气力输送系统在输送散装固体物料时，常用到三种流动模式：从稀相到流化密相的平稳过渡流动，稀相、不稳定区和段塞流动以及纯稀相流动。Pan[2]根据试验结果和理论分析，提出了一种新的流动模式图，用于为特定材料选择合适的流动模式；根据流动模式图，散装固体材料可分为三组，其特征仅为体积密度和中值粒径，第一组的物料可以从稀相平稳地输送到流化密相；第二组物料可在稀相、不稳定区或段塞流中输送；第三组物料仅在稀相中输送。Bouwman等[3]为了确定测量颗粒形状和粗糙度的形状最佳组合、评估用于颗粒形状表征的方法，通过称重、显微镜分析和橄榄油沉淀分析，比较了长宽比、圆形度、投影形状因子、形状因子、径向形状因子、平面临界稳定性、斯托克斯形状因子、质量形状因子和粗糙度因子等 9 个形状因素；在这些因素中，因为所需的油黏度高，有明显的温度依赖性，所以放弃斯托克斯形状因子；圆形度和投影形状因子对颗粒非常有效;而粗糙度因子与投影形状因子的组合可对颗粒形状和粗糙度进行良好的描述。Champion 等[4]就颗粒制备方法以及颗粒形状在药物传递中的作用等方面进行了综述,初步研究证实了颗粒形状可以显著影响聚合物药物载体的性能。Liu 等[5]对颗粒形态的球度和 Zingg 因子进行了比较,并对流化床动力学进行了描述,发现 Zingg 因子可以较好地描述颗粒形态。Sommerfeld等[6-9]基于拉格朗日方法分析了球形颗粒在水平管道流场中的运动特性,研究了不同颗粒尺寸、壁面粗糙度、质量流量等边界条件下的颗粒行为,并采用两组分相位多普勒测速仪和薄膜压力传感器分别测量了气固两相的速度和气相的静压。Hilton 等[10]分析了气力输送的模式,包括从稀释流到移动沙丘和段塞流,表面颗粒形状是气粒相互作用系统中的一个关键因素,并采用流固耦合的离散元方法进行了一系列气力输送模拟,结果表明颗粒形状对不同流动模式之间的过渡至关重要;球形或接近球形的颗粒在高气体流速下转变为弹状流,而非球形颗粒转变为稀相流。Wang 等[11]采用拉格朗日-欧拉方法对锥形料斗内的颗粒流进行了有限元分析,以研究卸料过程中的动态压力和颗粒流动,得出了压缩波传播和颗粒固体内部的间歇剪切带分别是压力波动频谱分析的高频率事件和低频率事件的原因,为与筒仓卸料相关的筒仓震动提供了合理的解释。赵啦啦等[12]利用基于线性黏聚接触模型的离散元法对不同颗粒系统的堆积过程进行了数值模拟研究,分析了颗粒形状和湿颗粒间液桥力对颗粒堆积形态的影响机理,获得了球形和块状湿颗粒堆基底表面所受的法向力以及堆中颗粒间的法向力和切向力"中心凹陷"式的分布规律,讨论了颗粒形状和黏聚能量密度对基底表面作用力和颗粒间作用力的影响。Höhner 等[13-14]采用离散单元法对旋转鼓中球体和多面体骰子的机械相互作用、矩形料斗中不同球度和长宽比颗粒之间的力学相互作用进行了试验和数值研究,模拟结果与试验结果基本一致,从而证明了离散元法以及多面体和平滑多面体近似方案在模拟非球形颗粒几何形状以及非球形颗粒之间的机械相互作用的充分性。Zheng 等[15]采用离散元法对六种不同形状的非球形团聚体(球形、正四面体、长方体、正八面体、正十二面体和正二十面体)的破碎行为进行了仿真研究,研究表明,冲击速度越高,破碎性能越好;与球形物体相比,非球形团聚体的碰撞行为相对更为复杂;对损伤率和壁力演化的研究表明,接触面积的大小对团聚体的断裂行为起着重要作用;当使用面碰撞、边缘碰撞和顶点碰撞模式时,大多数最大壁力和最终损伤率都呈下降趋势,但仍然显著大于球形团聚体的值。Yang 等[16]采用颗粒轨道模型进行了气固喷射器喷射性能仿真研究,仿真与试验结果一致,认为喷射器喷嘴位置对喷射性能有较大影响,且存在一最佳喷嘴位置可使喷射性能较佳。Qiu 等[17]采用物理实验和单颗粒离散元法模拟研究了高炉炼铁用的并罐无料钟装置中的颗粒流动，对装卸过程中的接触力链、流型、速度分布、应力分布和壁面压力进行了数值分析，还预测了两侧壁面压力的不对称性和差异性。Zhou 等[18]采用耦合计算流体力学和离散元方法研究了具有不同管道结构和旋流强度的大粒径煤颗粒气力输送，对采用平行键合法建立的煤炭颗粒团聚模型的破碎进行了分析，通过对破碎过程中凝聚体总能量变化的分析，得到以下结论：颗粒总能量的降低与颗粒和壁面碰撞有关，颗粒破碎与能量差呈正相关。Nicolin[19]使用 3D 打印聚乳酸材料颗粒，以三个半角对实验室规模料斗的单尺寸球形和凸多面体形状颗粒进行了试验验证；试验、Meyrs 和 Sellers 经验关系与模拟离散元法结果具有良好的一致性。You 等[20]应用离散元法模拟了球形颗粒和非球形颗粒在倾斜振动板上的运动行为，研究了不同操作参数对混合颗粒分离性能的影响；模拟结果表明，对于混合颗粒的高分离效率，存在最佳振幅和频率；适当增加摩擦系数或减小颗粒与板之间的恢复系数可以提高分离效率；通过减小颗粒的球形度，可以更容易地将非球形颗粒从球形颗粒中分离出来，研究结果有助于对振动分选装置的理解和进行优化设计。He 等[21]基于离散单元法建立了非球形颗粒压实特性的数值模型，仿真结果表明，对于球状颗粒的压实，长径比对压实的影响主要是由于初始填充的差异，压实抗压强度随着长径比的增加而增加；对于四面体粒子，提出了非凸形状指数来表示粒子间锁定的程度，随着非凸性的增加和颗粒间的锁定，需要更大的固结压力才能达到相同的密度，而无侧限压力下的破坏区域也从底部向顶部移动，非凸度增加导致压实体中的力传递更加困难；研究结果有助于更好地理解颗粒形状与压实行为和压实强度之间的关系。

本章为获得气力输送充填过程中影响煤和矸石接触动力学特性的因素，将煤矸颗粒之间的互相作用视为无黏连的颗粒接触作用，采用离散元法进行描述，建立煤矸颗粒之间的接触模型，基于煤矸颗粒物理、力学及形貌特性，建立煤矸颗粒的形状特性数学模型；在 EDEM 离散元软件中建立六种煤矸颗粒离散元模型，为更准确地获得煤矸颗粒离散元模型及其互作用系数，以堆积密度、孔隙率、休止角及其与实际试验的误差为指标，以颗粒模型、颗粒-颗粒恢复系数、颗粒-颗粒静摩擦系数、颗粒-颗粒滚动摩擦系数、颗粒-钢恢复系数、颗粒-钢静摩擦系数以及颗粒-钢滚动摩擦系数为正交试验因素，采用多指标混合正交试验设计安排煤矸颗粒模型仿真，以提高煤矸颗粒离散元模型的准确性，为颗粒之间及颗粒与管壁间的互作用耦合仿真提供准确可靠的颗粒模型与基础参数，同时，可为匹配不规则颗粒的形状特性和物理性质提供参考方法。

3.2 煤矸颗粒接触力学分析

煤矸颗粒间的接触作用是影响流场的重要因素，为研究煤矸颗粒接触力学行为，本节采用离散元法描述颗粒之间的接触作用，将煤矸颗粒之间的互相作用视为无黏连的颗粒接触作用，分别用 Hertz 接触理论与 Mindlin-Deresiewicz 接触理论描述其法向力与切向力，在分析煤矸颗粒之间互相作用的基础上，建立煤矸颗粒之间及颗粒与管壁间的接触模型，为煤矸颗粒接触试验与仿真研究提供理论依据。

3.2.1 颗粒之间的互相作用

在气力输送过程中，不考虑颗粒之间的表面黏连作用，其法向作用力一般采用 Hertz 接触理论计算。当颗粒沿着接触表面相对滑移时，可采用 Mindlin-Deresiewicz接触理论描述颗粒发生切向接触过程以及切向位移与切向力之间的关系。

（1）法向力——Hertz 接触理论

Hertz 接触理论是颗粒曲面弹性接触问题的理论基础，适用于曲面体的弹性接触或接触面之间微凸体接触。Hertz 接触理论对颗粒之间的接触有以下几点假设：

① 相互接触的颗粒表面光滑且均质；

② 与颗粒表面相比，接触面积很小；

③ 在接触面上仅发生弹性变形；

④ 接触力垂直于该接触面。

以球体颗粒为例，当两颗粒发生弹性接触时，颗粒与颗粒法向接触弹性变形示意图如图 3-1 所示，虚线为不考虑颗粒变形时颗粒表面位置。

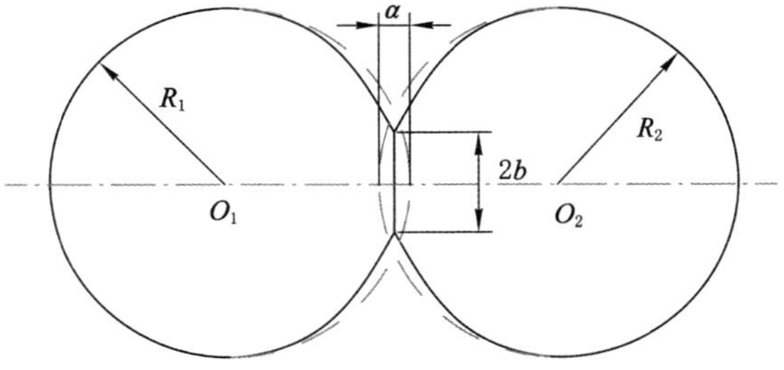

图 3-1 颗粒与颗粒法向接触弹性变形示意图

颗粒接触面的法向重叠量为：

$$\alpha = R_1 + R_2 - | r_1 - r_2 | \tag{3-1}$$

式中　α——颗粒接触法向重叠量，m；

R_1，R_2——颗粒 1 和颗粒 2 接触面的曲率半径，m；

r_1，r_2——颗粒 1 和颗粒 2 的球心位置矢量，m。

颗粒间的接触面为圆形，接触面半径 b 为：

$$b = \sqrt{\alpha R^*} \tag{3-2}$$

式中　R^*——有效颗粒半径，m。

R^* 可用下式表示：

$$\frac{1}{R^*} = \frac{1}{R_1} + \frac{1}{R_2} \tag{3-3}$$

颗粒间的法向作用力 N 为：

$$N = \frac{4E^*}{3R^*} b^3 \tag{3-4}$$

式中　E^*——有效弹性模量，MPa。

E^* 可用下式表示：

$$\frac{1}{E^*} = \frac{1 - \nu_1^2}{E_1} + \frac{1 - \nu_2^2}{E_2} \tag{3-5}$$

式中　E_1，E_2——相接触颗粒的颗粒 1 和颗粒 2 的弹性模量，MPa；

ν_1，ν_2——相接触颗粒的颗粒 1 和颗粒 2 的泊松比。

将式(3-2)、式(3-3)和式(3-5)代入式(3-4)中，可得颗粒间的法向作用力 N 的表达式，即

$$N = \frac{4E_1 E_2}{3E_2(1 - \nu_1^2) + 3E_1(1 - \nu_1^2)} \sqrt{\frac{R_1 R_2 \alpha^3}{R_1 + R_2}} \tag{3-6}$$

当两接触颗粒间重叠量增量为 $\Delta\alpha$ 时，法向力增量 ΔN 为：

$$\Delta N = \frac{2E_1 E_2 \Delta\alpha}{E_2(1 - \nu_1^2) + E_1(1 - \nu_2^2)} \sqrt{\frac{R_1 R_2 \alpha}{R_1 + R_2}} \tag{3-7}$$

当两接触颗粒的材料相同时，即颗粒的弹性模量和泊松比相同时，颗粒间的法向作用力 N_s 和法向力增量 ΔN_s 为：

$$N_s = \frac{2E}{3(1 - \nu^2)} \sqrt{\frac{R_1 R_2 \alpha^3}{R_1 + R_2}} \tag{3-8}$$

$$\Delta N_s = \frac{E\Delta\alpha}{1 - \nu^2} \sqrt{\frac{R_1 R_2 \alpha}{R_1 + R_2}} \tag{3-9}$$

式中　E——相同材料的颗粒弹性模量，MPa；

ν——相同材料的颗粒泊松比。

当颗粒与平面接触时,颗粒与平面法向接触弹性变形示意图如图 3-2 所示,虚线为不考虑颗粒变形时的颗粒表面位置。

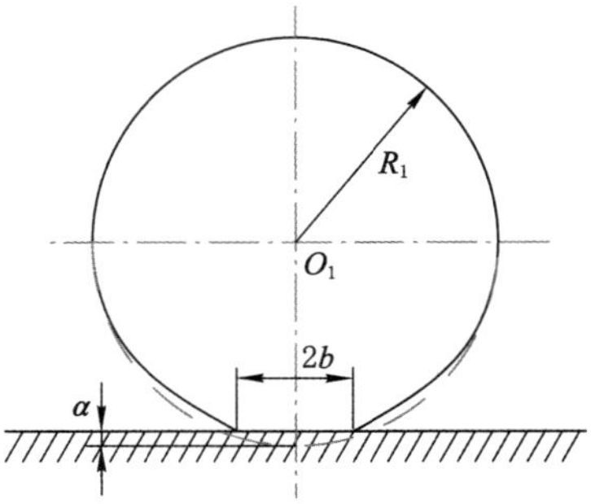

图 3-2 颗粒与平面法向接触弹性变形示意图

平面可视为曲率半径无限大的颗粒,根据式(3-6)和式(3-7),颗粒间的法向作用力 N_p 和法向力增量 ΔN_p 如式(3-10)和式(3-11)所示。

$$N_p = \frac{4E_1E_2}{3E_2(1-\nu_1^2)+3E_1(1-\nu_2^2)}\sqrt{R_1\alpha^3} \tag{3-10}$$

$$\Delta N_p = \frac{2E_1E_2\Delta\alpha}{E_2(1-\nu_1^2)+E_1(1-\nu_2^2)}\sqrt{R_1\alpha} \tag{3-11}$$

当颗粒与管壁接触时,颗粒与管壁法向接触弹性变形示意图如图 3-3 所示,虚线为不考虑颗粒变形时的颗粒表面位置。

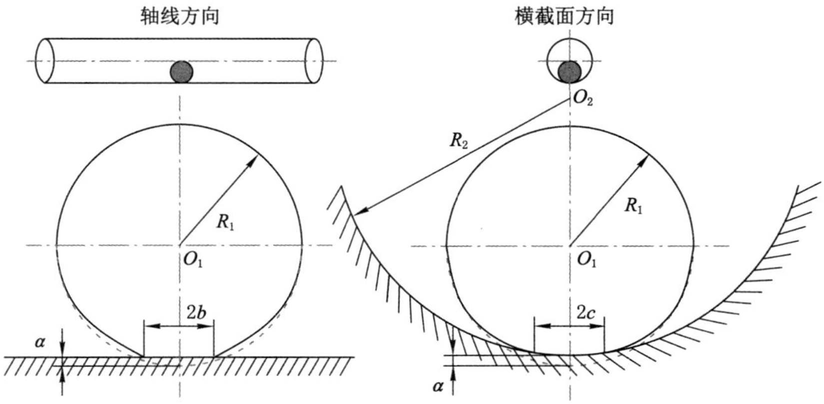

图 3-3 颗粒与管壁法向接触弹性变形示意图

管壁沿轴线方向可视为曲率无限大的颗粒，沿横断面方向可视为曲率半径为负值的颗粒，根据式(3-6)和式(3-7)，颗粒间的法向作用力 N_w 和法向力增量 ΔN_w 如式(3-12)和式(3-13)所示。

$$N_w = \frac{4E_1E_2}{3E_2(1-\nu_1^2)+3E_1(1-\nu_2^2)}\sqrt{\frac{R_1R_2\alpha^3}{R_2-R_1}} \tag{3-12}$$

$$\Delta N_w = \frac{2E_1E_2\Delta\alpha}{E_2(1-\nu_1^2)+E_1(1-\nu_2^2)}\sqrt{\frac{R_1R_2\alpha}{R_2-R_1}} \tag{3-13}$$

由此，可得出颗粒之间接触、颗粒与平面接触以及颗粒与管壁接触时的法向作用力表达式。

(2) 切向力——Mindlin-Deresiewicz 接触理论

Mindlin-Deresiewicz 接触理论描述了两颗粒发生切向接触并沿着接触表面圆周相对滑动的过程，以及颗粒的切向位移与切向力的关系，但是该接触理论计算复杂程度较大，因此常采用其简化形式进行计算，如图 3-4 所示。

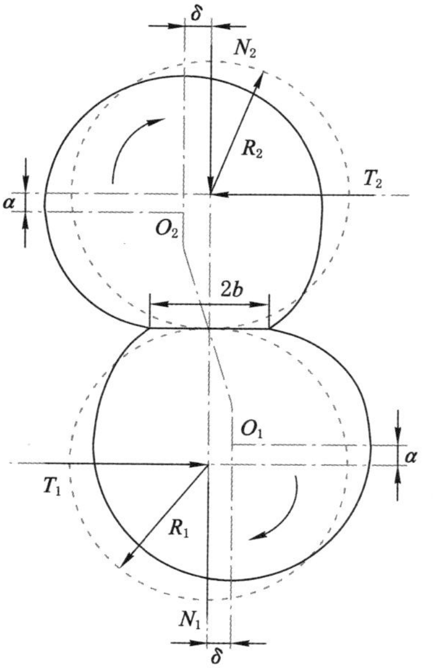

图 3-4　颗粒与颗粒切向接触弹性变形示意图

两接触表面切向位移为 δ，切向力为 T_1 和 $T_2(T_1=T_2)$，当表面产生切向位移增量 $\Delta\delta$ 时，切向力增量 ΔT 如式(3-14)所示。

$$\Delta T = 8G^*\theta_k\Delta\delta\sqrt{\alpha R^*}+(-1)^k\mu(1-\theta_k)\Delta N \tag{3-14}$$

式中　k——加载指数，$k=0$、1、2 分别对应切向力加载、卸载以及卸载后重新加载的情况；

μ——颗粒表面静摩擦系数；

G^*——有效剪切模量，GPa。

G^* 可用式(3-15)表示。

$$\frac{1}{G^*}=\frac{2-\nu_1}{G_1}+\frac{2-\nu_2}{G_2} \tag{3-15}$$

式中 G_1，G_2——相接触颗粒的剪切模量，GPa；

θ_k——加载系数，当 $|\Delta T|<\mu\Delta N$ 时，$\theta_k=1$；当 $|\Delta T|\geqslant\mu\Delta N$ 时，可用式(3-16)表示应切向力加载、卸载以及卸载后重新加载的情况。

$$\theta_k=\begin{cases}\left(1-\dfrac{T+\mu\Delta N}{\mu N}\right)^{1/3}, k=0\\ \left[1-\dfrac{(-1)^k(T-T_k)+2\mu\Delta N}{2\mu N}\right]^{1/3}, k=1,2\end{cases} \tag{3-16}$$

切向力增量不仅取决于法向力，还与切向力加载过程相关。由于法向力与切向力之间相互耦合，而变形量和接触力之间为非线性关系，很难得到法向力与切向力的分析解，因此采用弹簧阻尼系统简化颗粒之间的接触作用。

3.2.2 煤矸颗粒接触模型

采用软球模型建立煤矸颗粒之间的接触模型，如图 3-5 所示。假设煤矸颗粒接触面为球面，曲率半径分别为 b_i 和 b_j，用弹簧和阻尼器表征颗粒间法向作用，用弹簧、阻尼器和滑动器表征颗粒间切向作用[22]。

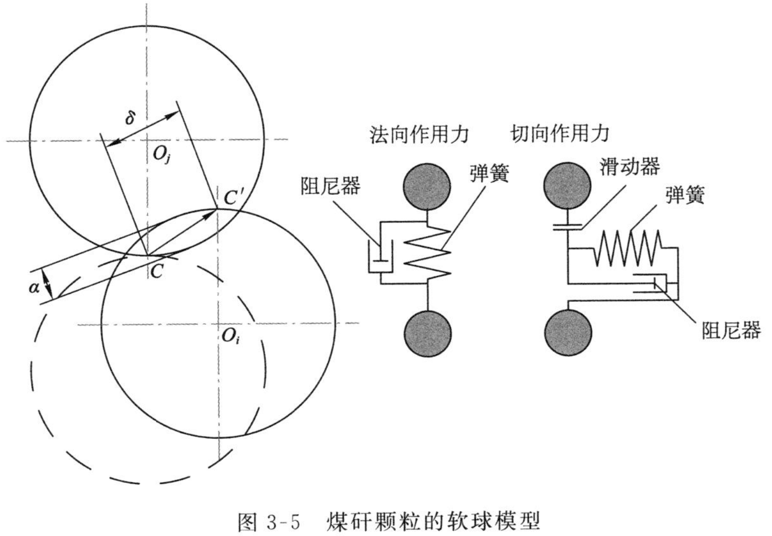

图 3-5 煤矸颗粒的软球模型

(1) 弹性系数的确定

软球模型中的弹性系数与颗粒材料的弹性模型、剪切模型和泊松比有关，法向弹性系数 k_n 可由 Hertz 接触理论确定，如式(3-17)所示。

$$k_n = \frac{4}{3}\left(\frac{1-\nu_i^2}{E_i} + \frac{1-\nu_j^2}{E_j}\right)^{-1}\left(\frac{1}{b_i} + \frac{1}{b_j}\right)^{-1/2} \tag{3-17}$$

式中　E_i, E_j——颗粒 i 和颗粒 j 的弹性模量，MPa；

ν_i, ν_j——颗粒 i 和颗粒 j 的泊松比；

b_i, b_j——颗粒 i 和颗粒 j 的曲率半径，m。

切向弹性系数 k_t 可由 Mindlin-Deresiewicz 接触理论确定，如式(3-18)所示。

$$k_t = 8\alpha^{1/2}\left(\frac{1-\nu_i^2}{G_i} + \frac{1-\nu_j^2}{G_j}\right)^{-1}\left(\frac{1}{b_i} + \frac{1}{b_j}\right)^{-1/2} \tag{3-18}$$

式中　G_i, G_j——颗粒 i 和颗粒 j 的切向模量，GPa。

(2) 阻尼系数的确定

软球模型中的阻尼系数与颗粒的恢复系数有关，计算过程较为复杂，本书采用阻尼比的方式[23]求出颗粒的法向阻尼系数 η_n 与切向阻尼系数 η_t，如式(3-19)和式(3-20)所示。

$$\eta_n = \beta_n \eta_{n0} \tag{3-19}$$

$$\eta_t = \beta_t \eta_{t0} \tag{3-20}$$

式中　β_n, β_t——法向和切向阻尼比；

η_{n0}, η_{t0}——法向和切向的临界阻尼，可由式(3-21)和式(3-22)表示。

$$\eta_{n0} = 2\sqrt{m^* k_n} \tag{3-21}$$

$$\eta_{t0} = 2\sqrt{m^* k_t} \tag{3-22}$$

式中　m^*——颗粒 i 和颗粒 j 的等效质量，kg，$m^* = m_i m_j/(m_i + m_j)$。

(3) 接触力计算

根据图 3-5 中的颗粒软球接触模型，接触法向作用力 $\boldsymbol{F}_{n,ij}$ 是法向弹性力和法向阻尼力的合力，如式(3-23)所示。

$$\boldsymbol{F}_{n,ij} = -k_n \alpha^{3/2} \boldsymbol{n}_{ij} - \eta_n \boldsymbol{V}_n \tag{3-23}$$

式中　$\boldsymbol{V}_n$——颗粒 i 相对于颗粒 j 的法向速度矢量，m/s；

$\boldsymbol{n}_{ij}$——颗粒 i 的球心到颗粒 j 的球心单位矢量。

接触切向作用力 $\boldsymbol{F}_{t,ij}$ 是切向弹性力、切向阻尼力和滑动摩擦力的合力，分为颗粒间相对静止以及颗粒间相对滑动两种情况，如式(3-24)所示。

$$\boldsymbol{F}_{t,ij} = \begin{cases} -k_t \boldsymbol{\delta}_{ij} - \eta_n \boldsymbol{V}_t, & |\boldsymbol{F}_{t,ij}| < \mu_{ij} |\boldsymbol{F}_{n,ij}| \\ \mu_{ij} |\boldsymbol{F}_{n,ij}| \dfrac{\boldsymbol{V}_t}{|\boldsymbol{V}_t|}, & |\boldsymbol{F}_{t,ij}| \geqslant \mu_{ij} |\boldsymbol{F}_{n,ij}| \end{cases} \tag{3-24}$$

式中 $\boldsymbol{V}_{\mathrm{t}}$——颗粒 i 相对于颗粒 j 的切向速度矢量,m/s;

$\boldsymbol{\delta}_{ij}$——颗粒 i 与颗粒 j 的切向变形矢量,m;

μ_{ij}——颗粒 i 与颗粒 j 间的滑动摩擦系数。

颗粒 i 受到的合力 $\boldsymbol{F}_{ij}$ 以及合力矩 $\boldsymbol{T}_{ij}$ 如式(3-25)和式(3-26)所示。

$$\boldsymbol{F}_{ij} = \boldsymbol{F}_{\mathrm{n},ij} + \boldsymbol{F}_{\mathrm{t},ij} \tag{3-25}$$

$$\boldsymbol{T}_{ij} = r_i \boldsymbol{n} \times \boldsymbol{F}_{\mathrm{t},ij} \tag{3-26}$$

式中 r_i——颗粒 i 的半径,m。

当颗粒浓度较高时,颗粒 i 与多个颗粒同时发生接触,此时作用在颗粒 i 上的作用力 $\boldsymbol{F}_i$ 以及力矩 $\boldsymbol{T}_i$ 如式(3-27)和式(3-28)所示。

$$\boldsymbol{F}_i = \sum_j (\boldsymbol{F}_{\mathrm{n},ij} + \boldsymbol{F}_{\mathrm{t},ij}) \tag{3-27}$$

$$\boldsymbol{T}_i = \sum_j (r_i \boldsymbol{n} \times \boldsymbol{F}_{\mathrm{t},ij}) \tag{3-28}$$

煤矸颗粒与管壁的接触模型同样采用软球模型建立,在颗粒之间接触模型的基础上,将其中一个颗粒的轴线方向曲率半径设为无限大、横截面方向的曲率半径设为负值,颗粒的作用力以及力矩的计算过程不再赘述。

3.3 煤矸颗粒物理性质及形状特性研究

作为输送系统重要组成部分,输送介质的物理性质和形状特性对于系统输送性能和输送模式有很大影响。早期从 Geldart[24] 提出的流态化分类到 Dixon 等[25-26] 提出的散料成栓图,再到 Pan 等[27-29] 提出的精度更高的管道输送形式分类,都以输送物料性质为主要依据。散体物料气力输送模式可以分为三类:稀相-流态化浓相平稳过渡型、稀相-不稳定区域-栓流型以及单纯的稀相型。粉末状物料的气力输送模式属于稀相-流态化浓相平稳过渡型,在输送过程中,当空气质量流量降低时,物料的输送模式由稀相平稳过渡到流态化浓相输送;稀相-不稳定区域-栓流型输送模式适用于质量较小且可自由流动的颗粒物料,这类物料在输送过程中随着空气质量流量的降低在稀相、不稳定区域和栓流之间变化;对于质量较大的颗粒物料,比如碎煤和煤矸等,则适用于第三种单纯的稀相型输送模式,这是由于当空气质量流量小于最小输送需求压力时,物料沉积在管道底部堵塞输送管路[29]。

由此可知,物料的气力输送模式取决于物料的性质,尤其是物料与空气相互作用的性质,该性质与物料堆积密度、粒度、密度、硬度和形状等基本性质相关。特别是,煤矿井下掘进产生的煤矸多呈块状,形状极不规则。因此,本节在研究煤矸颗粒的物理性质基础上，对煤矸的形状特性进行研究，获得可表征煤矸形状特性的数学模型，为建立煤矸颗粒离散元模型提供参考。

3.3.1　煤矸颗粒物理性质研究

煤矸颗粒的物理性质可由颗粒粒度、密度、堆积密度、孔隙率、休止角等参数描述。除颗粒密度外，颗粒的堆积密度、孔隙率以及休止角都与颗粒粒度有关，因此，煤矸颗粒粒度是研究颗粒物理性质的关键。从原煤分选出的煤矸粒度差异较大，颗粒粒度分布范围(从 0.5～300 mm)广泛。较大颗粒的煤矸不能直接利用气力输送方式进行输送，而颗粒较小的煤矸(<5 mm)对充填区的支撑性能作用不明显。因此，考虑气力输送管道内径的限制，本书研究的煤矸颗粒粒度选择在 5～30 mm 的范围内。

(1) 颗粒粒度

通过 30 mm 筛网而未通过 20 mm 筛网的煤矸颗粒定义为粒度 20～30 mm 颗粒，同理，通过 20 mm 筛网而未通过 10 mm 筛网的煤矸颗粒定义为粒度 10～20 mm 颗粒，通过 10 mm 筛网而未通过 5 mm 筛网的煤矸颗粒定义为粒度 5～10 mm 颗粒。

采用旋转板式破碎机将粒度较大的煤矸颗粒进行破碎，并分选出粒度为 5～30 mm 的煤矸颗粒，并选用孔径(d)为 5 mm、10 mm、20 mm、30 mm 的筛网(如图 3-6 所示)将煤矸颗粒分为 5～10 mm、10～20 mm、20～30 mm 三个级别，同时统计各个级别的煤矸颗粒质量占总质量的比例。

图 3-6　5～30 mm 标准筛

从图 3-7 中可得出的煤矸颗粒粒度分布比例，可采用 Rosin-Rammler 粒度分布模型[30-31]描述本书研究的煤矸颗粒粒度分布特性，如式(3-29)所示。

$$F(d) = 100 - 100\exp\left[-\left(\frac{d}{d'}\right)^n\right] \tag{3-29}$$

式中　$F(d)$——筛孔为 d 时，筛下的颗粒质量与颗粒总质量的比值；

d——颗粒特征粒径，即颗粒可以通过的最小筛孔尺寸，mm；

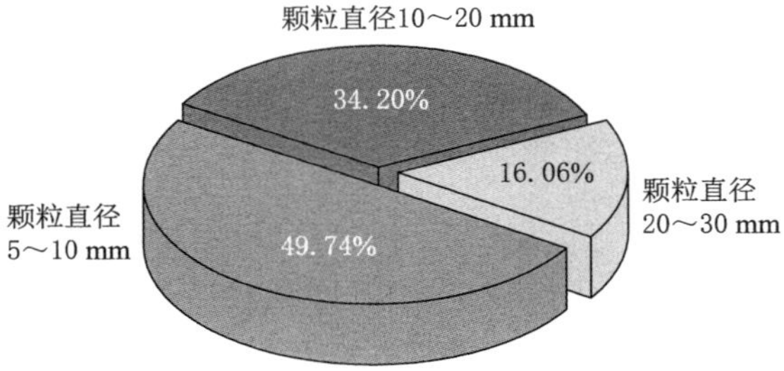

图 3-7　煤矸颗粒粒度分布比例

d'——颗粒中粒径，颗粒累积重量分布 $F=63.21\%$ 对应的颗粒粒径，mm；

n——粒径分布离散性指标，表示颗粒粒度分布的离散程度。

由于煤矸颗粒的最小颗粒粒径为 5 mm，最大颗粒粒径为 30 mm，以此可计算得出 Rosin-Rammler 粒度分布模型中颗粒中粒径 d' 为 13.04 mm，粒径分布离散性指标 n 为 1.41。

(2) 颗粒密度

不同矿区的煤矸密度不同，而同一矿区的不同开采位置的煤矸密度也不同。因此，为确定本书研究的煤矸颗粒密度，从煤矸颗粒堆中随机选择 12 块样品，如图 3-8 所示，进行煤矸样品的密度测定。

图 3-8　煤矸样品

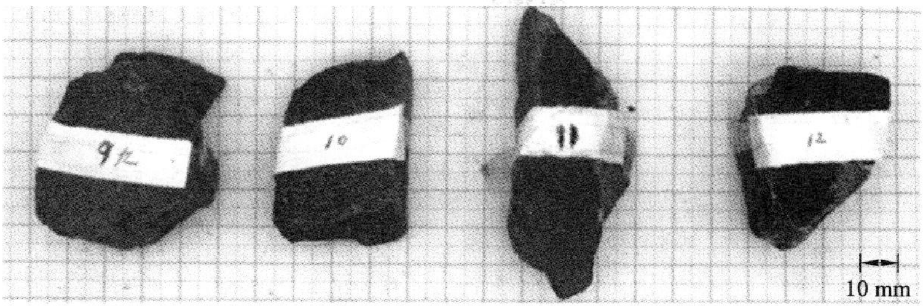

图 3-8(续)

煤矸样品密度如表 3-1 所列，在表右侧煤矸密度分布图中可看出煤矸样品的密度在 2.0～3.0 g/cm^3 之间，煤矸样品密度均值 ρ_{gy}=2.206 g/cm^3。

表 3-1　煤矸样品密度

编号	1	2	3	4	5	6
m_g/g	126.23	84.07	77.18	122.42	91.64	90.34
ρ_g/(g/cm^3)	2.24	2.16	2.42	2.14	2.12	1.97
编号	7	8	9	10	11	12
m_g/g	70.18	65.37	68.41	49.54	77.52	68.05
ρ_g/(g/cm^3)	2.34	2.13	2.12	2.36	2.13	2.34

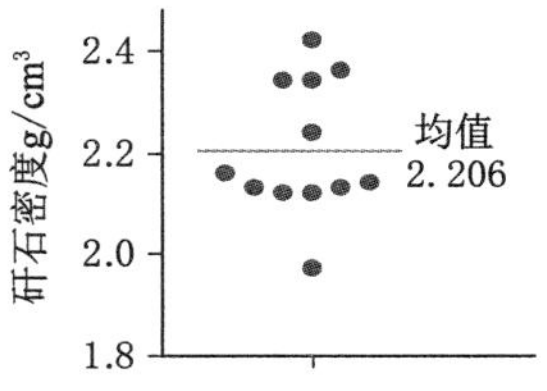

(3) 颗粒堆积密度及孔隙率

煤矸颗粒的堆积密度是指煤矸颗粒自由填充于某一容器中，在刚填充完成后所测得的单位体积质量，而孔隙率是指堆积颗粒之间的孔隙占总体积的比例。煤矸颗粒的堆积密度和孔隙率是进行颗粒群仿真与试验的重要参数。在相同容积的定容桶中多次测量不同粒度煤矸颗粒的堆积密度和孔隙率，取平均值作为最后测定结果，如表 3-2 所列，表中颗粒粒度为 5～30 mm 表示未分选的颗粒粒度，称为颗粒原始粒度。

表 3-2　不同颗粒粒度的样品堆积密度和孔隙率

材料	颗粒粒度/mm	堆积密度/(kg/m^3)	孔隙率/%
煤矸颗粒	5～30	1 170.47	46.96
	5～10	1 200.13	45.62
	10～20	1 182.04	46.44
	20～30	1 154.34	47.69

从表 3-2 中可以发现，分级后的颗粒堆积密度随颗粒粒度的增大而减小，同时颗粒的孔隙率随颗粒粒度的增大而增大。颗粒原始粒度下的颗粒堆积密度和孔隙率介于颗粒粒度 10～20 mm 与 20～30 mm 之间。

（4）颗粒堆积休止角

休止角是指重力作用下，颗粒在堆积层的自由斜面上受到的作用力达到平衡时且处于静止状态下测得的与水平面形成的锐角，颗粒休止角测量试验如图 3-9所示。将相同质量不同颗粒粒度的煤矸分别倒入漏斗内，颗粒量不超过漏斗容积的 2/3，快速抽出漏斗下方挡板，让煤矸颗粒自由下落堆积，待无颗粒下落及滚动后，用坡度测量仪测量颗粒堆积层与水平面之间的夹角，在不同方向测量多组数据，取测量结果平均值作为该颗粒粒度下的颗粒堆积休止角，所测结果如表 3-3 所列。

图 3-9　颗粒休止角测量试验

表 3-3　不同颗粒粒度的样品堆积休止角

颗粒粒度/mm	堆积休止角/(°)
5～30	34.8
5～10	28.5
10～20	34.0
20～30	38.0

从表 3-3 中可以发现，分级后的颗粒堆积休止角随颗粒粒度的增大而增大，原始颗粒粒度下的颗粒休止角介于颗粒粒度 10～20 mm 与 20～30 mm 之间，且不同粒度下颗粒堆积休止角变化在 10°之内。

（5）煤矸抗压强度和抗拉强度

煤矸的抗压强度 R_{CS} 和抗拉强度 B_{TS} 可由单轴压缩和巴西劈裂试验获得，试验同时也可获得煤矸的弹性模量 E_r、泊松比 υ_G、坚固性系数 f_G 等参数。坚固性系数 f_G 又称为普氏岩石硬度系数，由苏联学者普罗托季亚科诺夫于 1926 年提出，是衡量岩石破碎难易程度的主要指标。坚固性系数综合反映了岩石的强度、硬度和弹塑性等因素，其与抗压强度在数值上存在近似关系：$R_{CS}=10f_G$。

为了获得上述基本力学参数，在中国矿业大学煤炭资源与安全开采国家重点实验室对本书研究的煤矸样品进行单轴压缩和巴西劈裂试验，如图 3-10 所示。

图 3-10　单轴压缩和巴西劈裂试验

试验在 SANS 测试系统上进行，该系统最小采样时间为 50 μs，垂直液压缸最大轴力为 1 700 kN，围压小于 45 MPa，并通过配套软件 SANS Power Test_DOOC 设置实验所需的参数，试验结果如表 3-4 所示。

表 3-4　煤矸基本力学参数测试结果

项目	R_{CS}/MPa	B_{TS}/MPa	E_r/GPa	υ_G	f_G
数值	52.81±4.00	6.21±0.30	25.16	0.25	5.28

3.3.2 煤矸颗粒形状特性研究

煤矸颗粒的几何性质包括粒度、形状、表面结构等，而颗粒的形状对颗粒群的流动性、充填性以及空隙率影响较大。常见的煤矸颗粒形状大致分为四面体、六面体及多面体等。颗粒形状的数学描述方式一般包括三轴方向颗粒粒度的代表值、二维图像投影轮廓曲线以及表面积、体积等立体几何关系。单一颗粒的形状可以用三轴径表示，煤矸颗粒的三轴径测量方法如图 3-11 所示。

图 3-11 煤矸颗粒的三轴径测量方法

将颗粒放置在水平面上，可测得稳定状态时颗粒相互正交的三轴方向的长径 L、短径 B 以及厚度 T，其中规定：长径 L 为俯视图中颗粒最大径；短径 B 为与长径相垂直的颗粒最大径；厚度 T 为上下平面所挟颗粒的距离[32]。仅用三轴径不能很好地说明颗粒形状，因此，需进一步采用均齐度和充满度进行描述。

均齐度表示颗粒两个外形尺寸的比值，由长短度 N_{L-B} 和扁平度 N_{B-T} 组成，其定义如式(3-30)所示，而长短度 N_{L-B} 与扁平度 N_{B-T} 的比值 F_Z 称为 Zingg 指数[5,33]，如式(3-31)所示。

$$\begin{cases} N_{L-B} = L/B \\ N_{B-T} = B/T \end{cases} \tag{3-30}$$

$$F_Z = N_{L-B}/N_{B-T} = LT/B^2 \tag{3-31}$$

充满度可分为体积充满度和面积充满度，定义体积充满度 F_V 为颗粒外接长方体的体积与颗粒实际体积 V_p 的比值，如式(3-32)所示；定义面积充满度 F_S 为颗粒投影外接矩形的面积与颗粒实际投影面积 A_p 的比值，如式(3-33)所示。

$$F_V = LBT/V_p \tag{3-32}$$

$$F_S = LB/A_p \tag{3-33}$$

根据上述颗粒形状描述方法，对颗粒粒度为 5～30 mm 的三组煤矸颗粒进行形状特性研究。每组煤矸颗粒随机取 20 块样品，如图 3-12 所示，颗粒样品放置在坐标纸上，坐标纸细线间距离为 1 mm，粗线间距离为 10 mm。

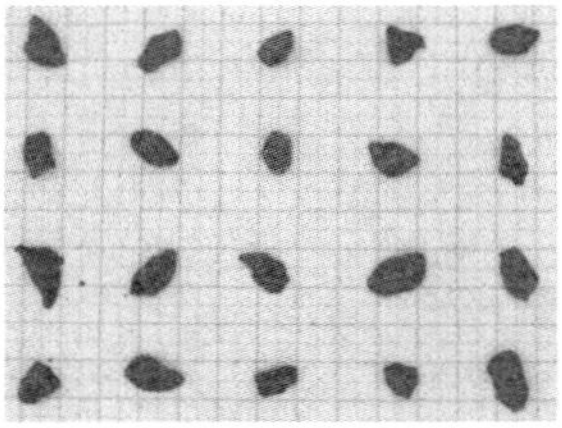

(a) 颗粒直径5～10 mm

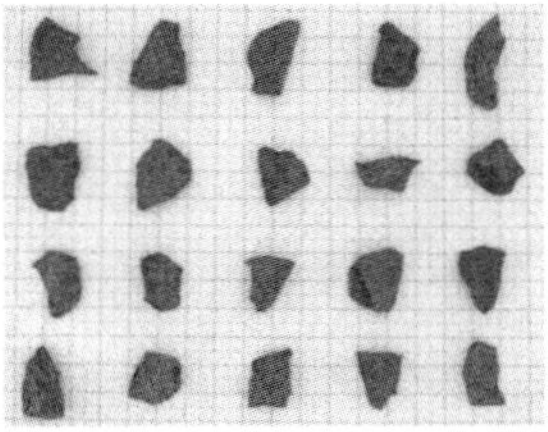

(b) 颗粒直径10～20 mm

(c) 颗粒直径20～30 mm

图 3-12　煤矸颗粒样品

从图 3-12 中可以看出煤矸颗粒形状不规则，但是在坐标纸上的投影大致可分成三角形、菱形、长方形和不规则多边形等，且在外观上多是扁长形。采用游标卡尺和量筒测量煤矸颗粒的三轴径参数和实际体积，并通过计算获得煤矸颗粒的均齐度参数及颗粒外接长方体体积，从而得出不同粒度下煤矸颗粒的形状特性规律，如图 3-13 所示。煤矸颗粒形状参数统计如表 3-5 所列。

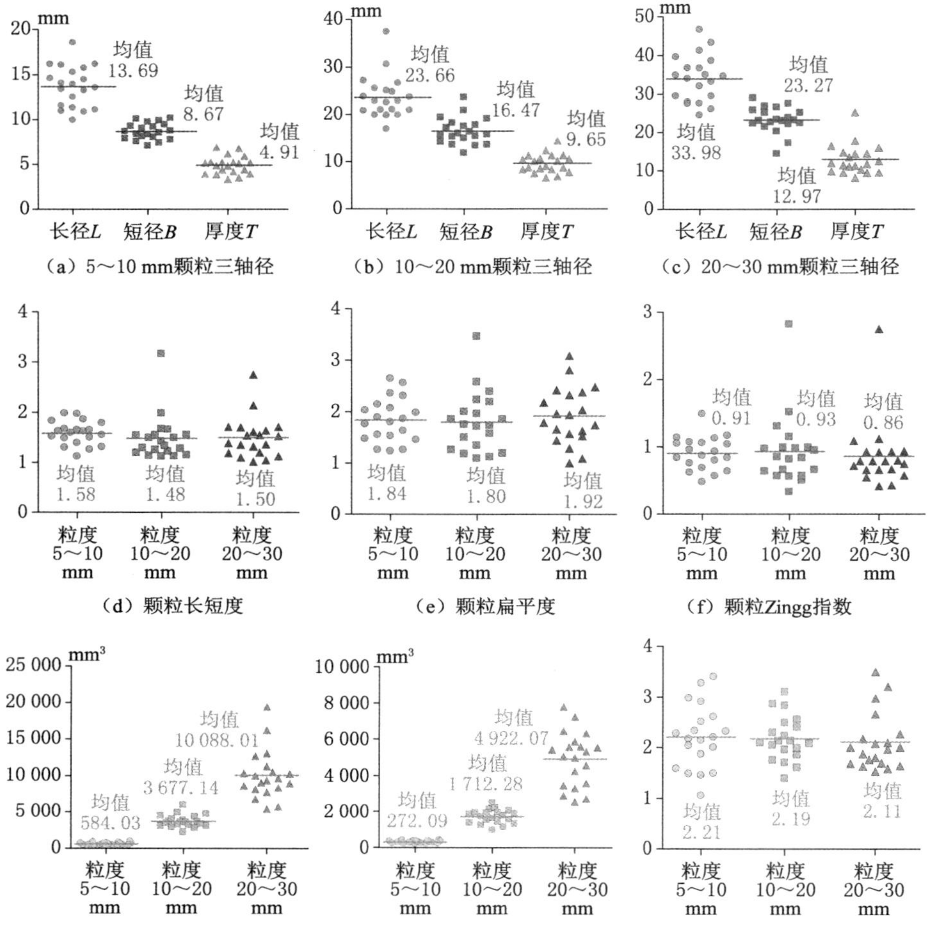

（a）5～10 mm颗粒三轴径　（b）10～20 mm颗粒三轴径　（c）20～30 mm颗粒三轴径

（d）颗粒长短度　（e）颗粒扁平度　（f）颗粒Zingg指数

（g）颗粒外接长方体体积　（h）颗粒实际体积　（i）颗粒体积充满度

图 3-13　不同粒度下煤矸颗粒形状特性规律

表 3-5　煤矸颗粒形状参数统计

项目	颗粒粒度/mm					
	5～10		10～20		20～30	
	均值	均方差	均值	均方差	均值	均方差
长径 L/mm	13.69	2.27	23.66	4.51	33.98	6.02
短径 B/mm	8.67	0.92	16.47	2.83	23.27	3.40
厚度 T/mm	4.91	1.00	9.65	1.97	12.97	3.92
长短度 N_{L-B}	1.58	0.23	1.48	0.45	1.50	0.41

表 3-5(续)

颗粒粒度/mm	5～10		10～20		20～30	
	均值	均方差	均值	均方差	均值	均方差
扁平度 N_{B-T}	1.84	0.42	1.80	0.59	1.92	0.55
Zingg 指数	0.91	0.25	0.93	0.53	0.86	0.48
颗粒实际体积/mm^3	272.09	65.00	1 712.28	372.00	4 922.07	1 489.00
外接长方体体积/mm^3	584.03	171.52	3 677.14	873.49	10 088.01	3 331.76
体积充满度	2.21	0.63	2.19	0.44	2.11	0.56

根据图 3-13 和表 3-5 中的数据可以得出，煤矸颗粒的长短度、扁平度、Zingg 指数以及体积充满度基本相同，这表明虽然颗粒粒度不同，但是其形状本质基本相同。煤矸颗粒的长径均大于其筛网上限尺寸，厚度均小于其筛网下限尺寸，只有短径处于筛网上下极限尺寸之间，这表明煤矸颗粒属于扁长型颗粒，且可以采用短径 B 作为颗粒粒度的表征值。煤矸颗粒的体积充满度范围在 1.4～3.5 之间，而且随着颗粒粒度的增大，颗粒的体积充满度有降低的趋势，尤其是颗粒粒度在 20～30 mm 的煤矸颗粒，其体积充满度主要分布于 2.0 附近，但个别颗粒的体积充满度较大，使 20～30 mm 煤矸颗粒的体积充满度平均值高于 2.0。

因此，取颗粒长短度平均值 1.52、扁平度平均值 1.853、Zingg 指数平均值 0.9 以及体积充满度平均值 2.17 作为煤矸颗粒的形状参数参考值，得出本书使用的煤矸颗粒以短径 B 表示的颗粒长径 L、厚度 T 以及颗粒的实际体积 V_p 的表达式为：

$$\begin{cases} L = 1.52B \\ T = B/1.853 \end{cases} \tag{3-34}$$

$$V_\mathrm{p} = LBT/2.17 = 0.378\,0B^2 \tag{3-35}$$

式中　B——煤矸颗粒的短径，mm；

L——煤矸颗粒的长径，mm；

T——煤矸颗粒的厚度，mm；

V_p——煤矸颗粒的实际体积，mm^3。

式(3-34)即为煤矸颗粒的形状特性数学模型，采用该数学模型建立的颗粒模型为长方体模型，虽然与实际的煤矸颗粒形状有一些相似，但长方体模型与不规则形状的煤矸颗粒存在一定误差。式(3-35)为采用粒度表征值表示的颗粒实际体积，定义 $\varphi_B=0.378\,0$ 为煤矸颗粒在粒度表征值 B 下的体积形状系数，该系数在建立煤矸颗粒三维模型时，可控制模型内颗粒的排布或叠加情况，以减少模型与实际颗粒之间的差别，提高煤矸颗粒三维模型的准确性与可靠性。

3.4 煤矸颗粒离散元模型

根据获得的煤矸颗粒形状特性数学模型以及颗粒实际体积表达式，采用EDEM 2.5软件建立煤矸颗粒三维离散元模型，通过不同球体颗粒的堆积和叠加重构煤矸颗粒三维模型，以煤矸颗粒的体积形状系数为参照，选择具有代表性的煤矸颗粒三维离散元模型，并调整颗粒的恢复性系数、静摩擦系数以及滚动摩擦系数，以获得与实际试验相吻合的煤矸颗粒物理性质参数。

3.4.1 煤矸颗粒模型的形状特性匹配

颗粒离散元模型的建立有颗粒重叠和颗粒黏结两种方法[34]，如图3-14所示，颗粒重叠采用球体颗粒在规定的区域内填充，颗粒之间有重叠部分。所有填充的球体颗粒组成一个颗粒簇，此方法假设实际颗粒不发生破碎，颗粒的最终形状与建模时的形状相同。这种模型可采用的球体颗粒直径较大、数量较少，所需的计算时间较少；颗粒黏结采用较小的球体颗粒在规定区域内自由填充，球体颗粒通过颗粒之间切向和法向黏结系数产生黏结链，组成所需的颗粒模型，彼此无叠加区域。当颗粒模型与其他颗粒模型或者管壁碰撞时，碰撞反力使相关颗粒之间的黏结链断裂，导致颗粒模型发生裂纹或者破碎，该方法所需计算量较大，不适用于颗粒数量较多的仿真计算。

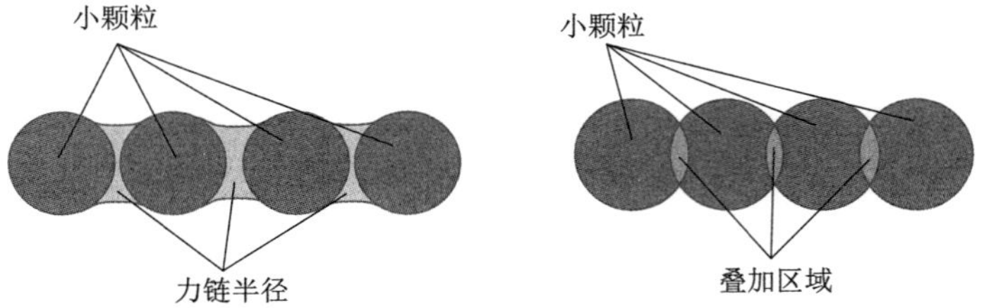

(a) 颗粒黏结　　(b) 颗粒重叠

图3-14　离散元建模方法

为建立煤矸颗粒三维离散元模型，本书提出两点模型假设：煤矸颗粒在气力输送过程中与管道碰撞接触时，颗粒不发生破碎现象；颗粒形状关于颗粒轴线或者中心对称，且所建立的颗粒模型内部为实体、无孔洞。基于以上两点假设，本书采用颗粒重叠充填方法建立煤矸颗粒模型，同时为了增加后续仿真时效性，在能表征煤矸颗粒形状特性的基础上，尽量采用较少数目的球体颗粒建立煤矸颗粒模型。

由于颗粒之间存在形状相似现象，且颗粒基本上为扁平型，以图 3-12 中的三组不同粒径颗粒为例，在颗粒厚度基本相同时，颗粒投影轮廓大致分为三边形和四边形两组，如图 3-15 所示。

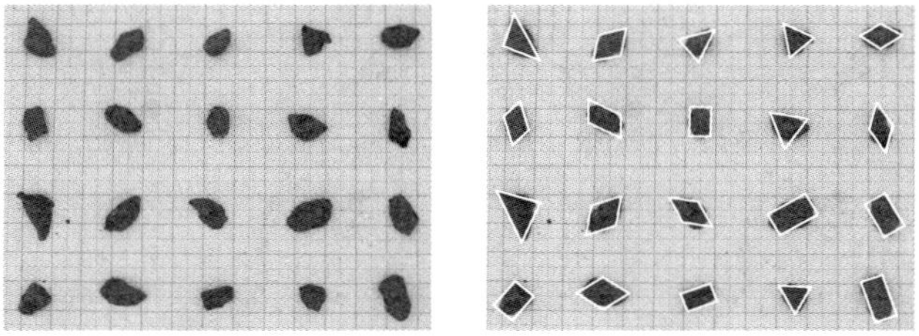

（a）颗粒直径5～20 mm

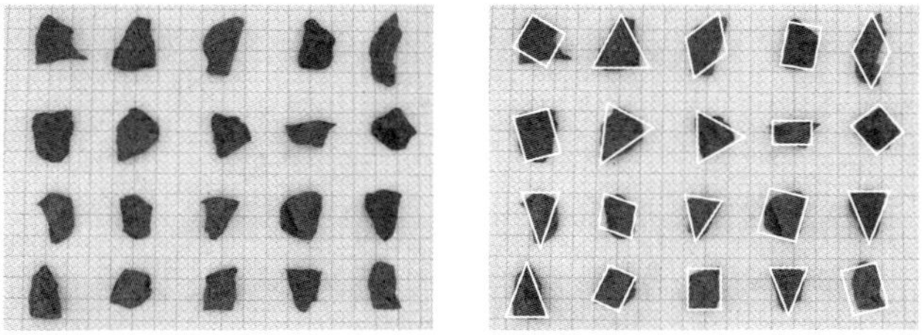

（b）颗粒直径10～20 mm

（c）颗粒直径20～30 mm

图 3-15　颗粒投影轮廓分类

以式(3-30)为基础建立煤矸颗粒外接长方体模型，基于模型假设和煤矸颗粒的形状特性数学模型，以外接长方体模型厚度 T 为直径建立组成煤矸颗粒模型的球体颗粒。依据煤矸颗粒的实际形状，在煤矸颗粒外接长方体模型内，将不同数量的球体颗粒在投影面上按照三角形、菱形、长方形和多边形进行重叠充填，如图 3-16 所示。在颗粒外接长方体模型确定的情况下，应采用至少 5 个球体颗粒充填颗粒外接长方体。各个煤矸颗粒模型的体积形状系数如表 3-6 所列，在不同类型的煤矸颗粒模型中，模型的体积充满度均在实际体积充满度的范围之内。

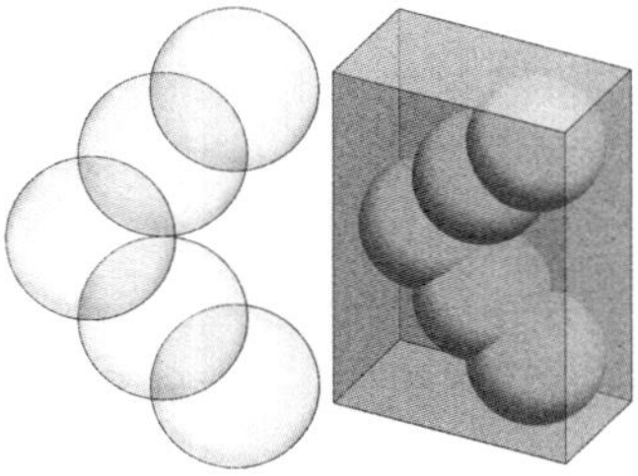

（a）五球三角形模型

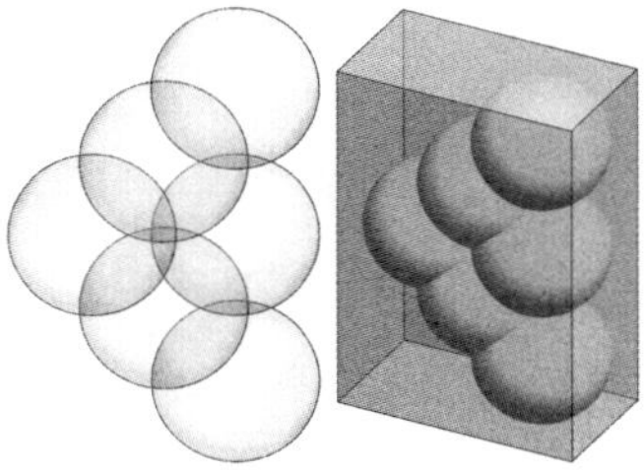

（b）六球三角形模型

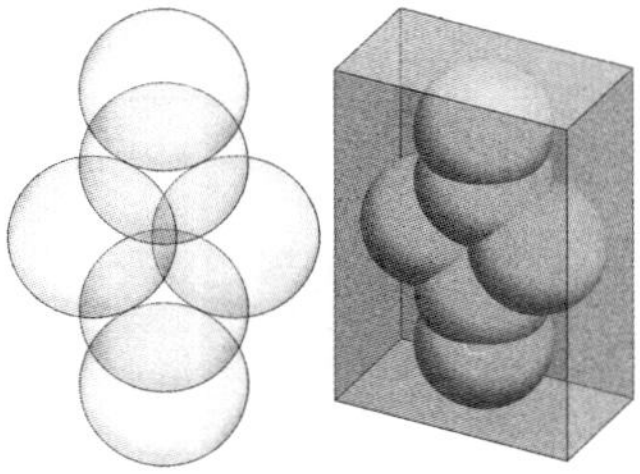

（c）六球菱形模型

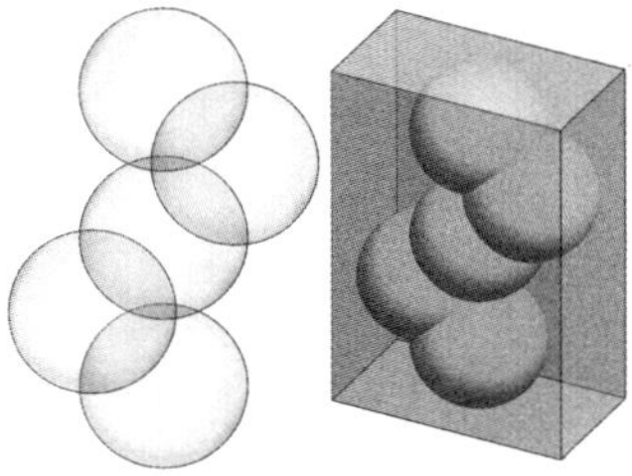

（d）五球多边形模型

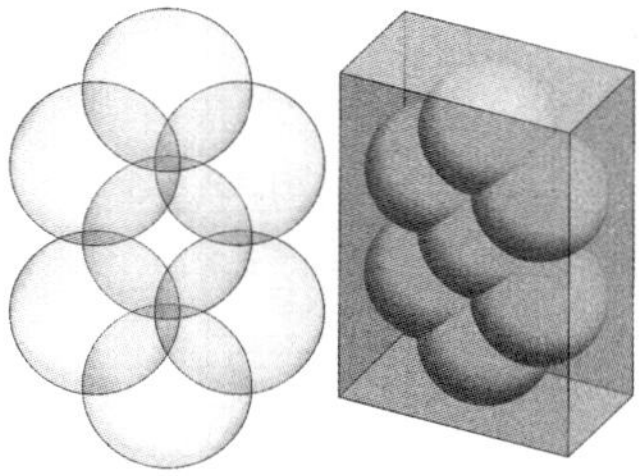

（e）七球多边形模型

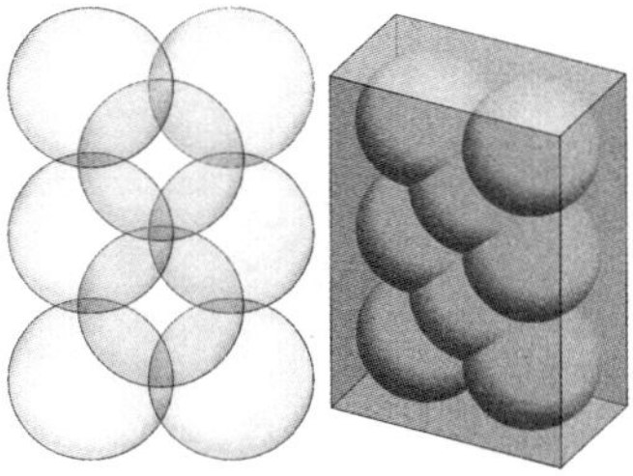

（f）八球长方形模型

图 3-16　球体颗粒重叠充填的煤矸颗粒模型

表 3-6　煤矸颗粒模型体积形状系数

模型编号	模型类别	模型实际体积	体积充满度	体积形状系数
1	五球三角形模型	$2.226\ 0\times T^3$	2.344 6	0.349 9
2	六球三角形模型	$2.555\ 5\times T^3$	2.041 9	0.401 7
3	六球菱形模型	$2.371\ 5\times T^3$	2.200 8	0.372 7
4	五球多边形模型	$2.224\ 4\times T^3$	2.346 3	0.349 6
5	七球多边形模型	$2.887\ 5\times T^3$	1.807 5	0.453 8
6	八球长方形模型	$3.391\ 7\times T^3$	1.538 8	0.533 1

综上所述，基于离散元软件 EDEM 2.5，依据表 3-5 中的三种煤矸颗粒的粒度表征值，计算组成煤矸颗粒模型的球体颗粒半径和空间坐标位置，建立六种煤矸颗粒离散元模型，如图 3-17 所示。同时，根据模型可获得不同粒度的煤矸颗粒离散元模型的体积、体积充满度以及体积形状系数等参数，如表 3-7 所列。

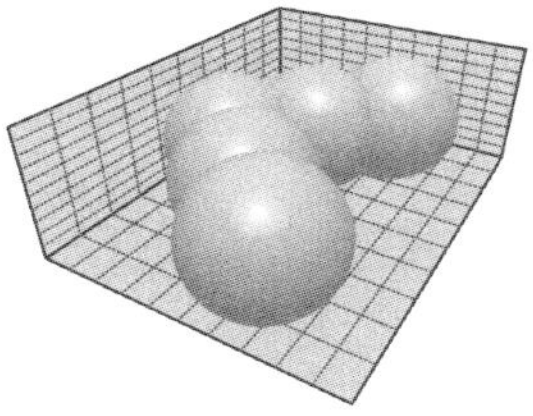

(a) 五球三角形模型

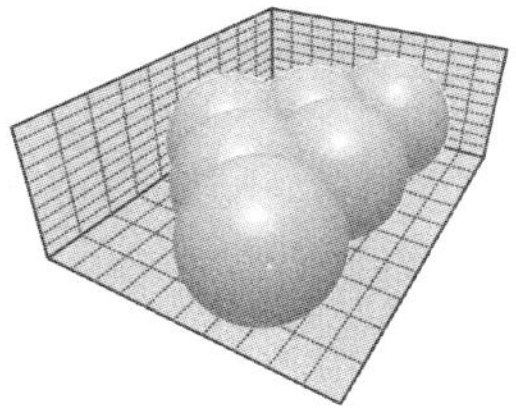

(b) 六球三角形模型

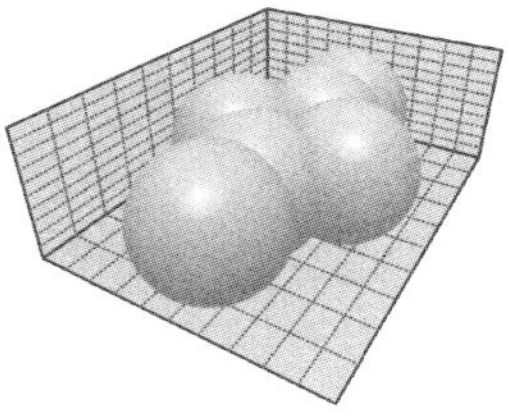

(c) 六球菱形模型

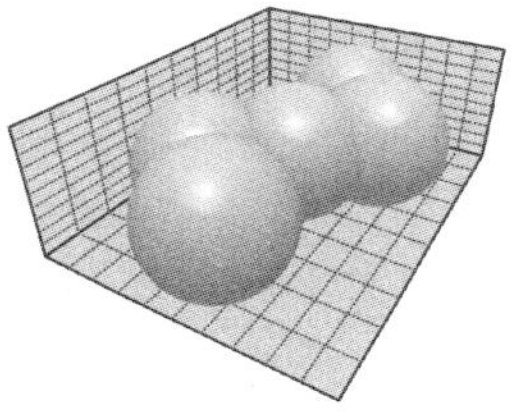

(d) 五球多边形模型

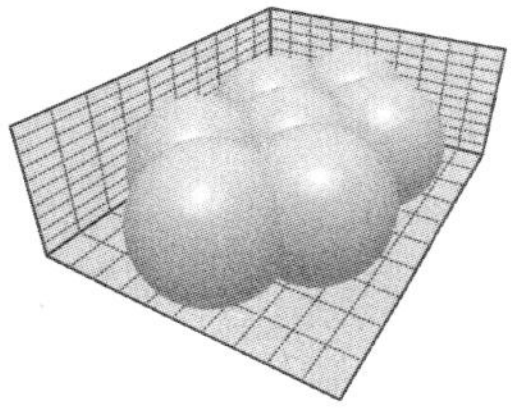

(e) 七球多边形模型

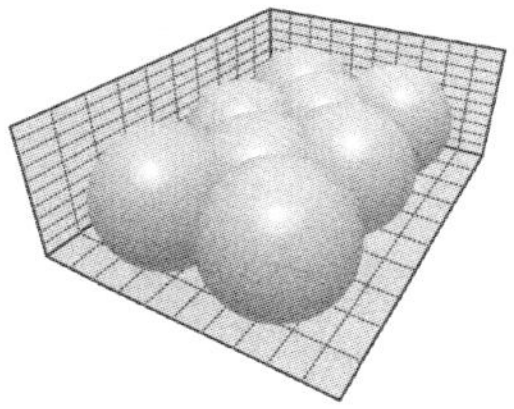

(f) 八球长方形模型

图 3-17　煤矸颗粒离散元模型

表 3-7　颗粒离散元模型参数

颗粒粒度/mm	模型特征	颗粒模型					
		五球三角形	六球三角形	六球菱形	五球多边形	七球多边形	八球长方形
5～10	体积/mm^3	255.24	290.86	271.68	258.81	331.39	383.49
	体积充满度	2.09	1.84	1.97	2.07	1.61	1.39
	体积形状系数	0.39	0.45	0.42	0.40	0.51	0.59
10～20	体积/mm^3	1 767.82	1 965.71	1 824.97	1 756.67	2 175.35	2 568.04
	体积充满度	2.07	1.86	2.01	2.09	1.68	1.43
	体积形状系数	0.40	0.44	0.41	0.39	0.49	0.57
20～30	体积/mm^3	4 593.18	5 198.77	4 807.13	4 581.14	5 819.99	6 858.01
	体积充满度	2.25	1.99	2.15	2.26	1.78	1.51
	体积形状系数	0.36	0.41	0.38	0.36	0.46	0.54

图 3-17 和表 3-7 所示的煤矸颗粒模型中，煤矸颗粒的体积充满度和体积形状系数与表 3-6 中的理论计算结果虽不同，但变化趋势大致相同。这是因为理论建模时，颗粒外接长方体体积计算采用的是煤矸颗粒形状特性数学模型中的形状关系，而离散元软件建立模型时，为了更准确地表征三种粒径下煤矸颗粒的形状特性，煤矸颗粒离散元模型的外接长方体体积采用表 3-5 中实际测量结果的均值计算，导致煤矸颗粒离散元模型与理论计算模型有一定差异，但却增加了颗粒模型的真实性。

3.4.2 煤矸颗粒模型的物理性质匹配

在建立煤矸颗粒模型的基础上，根据煤矸颗粒的实际物理性质，对三种粒径下煤矸颗粒模型进行包括煤矸颗粒模型堆积密度、孔隙率以及休止角等参数的物理性质匹配仿真研究，以提高煤矸颗粒离散元模型的准确性。

依据煤矸颗粒和输送管道的实际物理性质，在 EDEM 2.5 软件中设置煤矸颗粒和输送管道的材料属性，如表 3-8 所列。颗粒与颗粒之间的接触模型以及颗粒与墙壁之间的接触模型，依据本章 3.2 节煤矸颗粒接触力学研究的结论，选用 EDEM 2.5 软件中默认的接触模型——Hertz-Mindlin，即无滑动接触模型，该模型具有计算性能准确且高效的优点。

表 3-8 煤矸颗粒和输送管道的材料属性

材料	泊松比	剪切模量/Pa	密度/(kg/m³)
煤矸颗粒	0.25	2.516×10^{10}	2 206
输送管道	0.31	8.09×10^{10}	7 850

在离散元仿真中，煤矸颗粒模型的堆积密度、孔隙率以及休止角等参数与颗粒之间以及颗粒与墙壁之间的恢复系数、静摩擦系数以及滚动摩擦系数等互作用系数密切相关，根据离散元仿真的工程经验[35]，煤炭球体颗粒之间以及煤炭与钢之间的互作用系数如表 3-9 所列。

表 3-9 球形煤炭颗粒互作用系数

互作用	恢复系数	静摩擦系数	滚动摩擦系数
煤-煤	0.5	0.6	0.05
煤-钢	0.5	0.4	0.05

表 3-9 中给出的参数的假设条件是颗粒为球形，其参数不适用于本书的煤矸颗粒模型，但有一定的借鉴意义。为了获得更准确的煤矸颗粒模型互作用系数，以堆积密度、孔隙率、休止角及其与实际试验的误差为指标，以颗粒模型、颗粒-颗粒恢复系数、颗粒-颗粒静摩擦系数、颗粒-颗粒滚动摩擦系数、颗粒-钢恢复系数、颗粒-钢静摩擦系数以及颗粒-钢滚动摩擦系数为正交试验因素，正交试验因素及水平如表 3-10 所列。

表 3-10　煤矸颗粒模型正交试验因素及水平表

因素		水平					
A	颗粒模型	五球三角形	六球三角形	六球菱形	五球多边形	七球多边形	八球长方形
B	颗粒-颗粒恢复系数	0.3	0.5	0.7			
C	颗粒-颗粒静摩擦系数	0.1	0.3	0.5			
D	颗粒-颗粒滚动摩擦系数	0.01	0.03	0.05			
E	颗粒-钢恢复系数	0.3	0.5	0.7			
F	颗粒-钢静摩擦系数	0.1	0.3	0.5			
G	颗粒-钢滚动摩擦系数	0.01	0.03	0.05			

由于颗粒模型因素为六水平，而其他因素为三水平，所以选用 $L_{18}(6^1\times3^6)$ 混合正交试验方案进行仿真模拟，如表 3-11 所列。

表 3-11　$L_{18}(6^1\times3^6)$ 正交试验方案

试验编号	A	B	C	D	E	F	G
1	五球三角形	0.3	0.1	0.01	0.3	0.1	0.01
2	五球三角形	0.5	0.3	0.03	0.5	0.3	0.03
3	五球三角形	0.7	0.5	0.05	0.7	0.5	0.05
4	六球三角形	0.3	0.1	0.03	0.5	0.5	0.05
5	六球三角形	0.5	0.3	0.05	0.7	0.1	0.01
6	六球三角形	0.7	0.5	0.01	0.3	0.3	0.03
7	六球菱形	0.3	0.3	0.01	0.7	0.3	0.05
8	六球菱形	0.5	0.5	0.03	0.3	0.5	0.01
9	六球菱形	0.7	0.1	0.05	0.5	0.1	0.03
10	五球多边形	0.3	0.5	0.05	0.5	0.3	0.01
11	五球多边形	0.5	0.1	0.01	0.7	0.5	0.03

表 3-11(续)

试验号	A	B	C	D	E	F	G
12	五球多边形	0.7	0.3	0.03	0.3	0.1	0.05
13	七球多边形	0.3	0.3	0.05	0.3	0.5	0.03
14	七球多边形	0.5	0.5	0.01	0.5	0.1	0.05
15	七球多边形	0.7	0.1	0.03	0.7	0.3	0.01
16	八球长方形	0.3	0.5	0.03	0.7	0.1	0.03
17	八球长方形	0.5	0.1	0.05	0.3	0.3	0.05
18	八球长方形	0.7	0.3	0.01	0.5	0.5	0.01

(1) 煤矸颗粒模型堆积密度和孔隙率仿真

采用 EDEM 2.5 软件进行煤矸颗粒模型的堆积密度和孔隙率仿真,仿真参数设置如表 3-12 所列,其中仿真时间步长为瑞利时间步长的 15%。瑞利时间步长是剪切波在一个实体颗粒里传播所花费的时间,是理想的离散元时间步长,一般将仿真时间步长设置为 5%～40%的瑞利时间步长。网格单元尺寸为 2 倍的最小颗粒半径 R_{min},网格单元尺寸由仿真模型中最小颗粒的半径度量,通常选择仿真过程中最小颗粒半径的 2 倍作为网格边长。

表 3-12　仿真参数设置

项目	参数	项目	参数
重力加速度/(m/s^2)	9.81(方向 Z 轴)	仿真时间步长/%	15
颗粒工厂类型	动态(不限数量)	保存时间间隔/s	0.01
颗粒生成率/s	2 000	网格单元尺寸	$2R_{min}$
仿真时间/s	1	仿真线程	8

建立与本章煤矸颗粒物理性质研究中颗粒堆积密度和孔隙率测量参数相同的定容桶模型,在定容桶模型正上方 100 mm 处,设置一块小于桶口直径的颗粒工厂,导入颗粒模型并进行仿真,如图 3-18 所示。仿真过程中,煤矸颗粒从颗粒工厂源源不断地生成,并自由下落到定容桶。待桶中的颗粒溢出,停止仿真并调整仿真计算区域,删除高于桶口的多余颗粒,统计剩余颗粒的数量并根据颗粒模型体积和质量计算出此时颗粒模型的堆积密度和孔隙率。

(2) 煤矸颗粒模型休止角仿真

采用 EDEM 2.5 软件进行煤矸颗粒模型的休止角仿真,建立与本章煤矸颗粒物理性质研究中颗粒堆积休止角测量参数相同的漏斗模型,如图 3-19 所示。

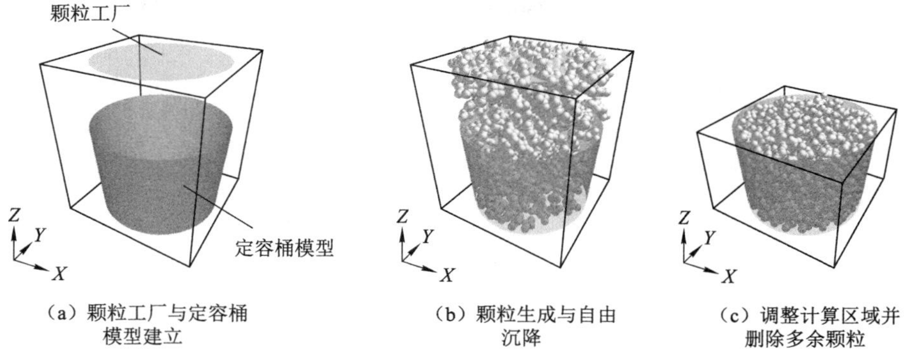

图 3-18　颗粒堆积密度和孔隙率测量仿真

漏斗模型底部有挡板防止颗粒落下，漏斗模型下方建立一平方米的地面，导入颗粒模型并选择漏斗模型作为颗粒工厂，采用静态颗粒充填漏斗模型。仿真运算过程中，煤矸颗粒在漏斗模型中随机生成，堆积在漏斗底部，待颗粒稳定后，删除漏斗底部挡板，使煤矸颗粒自由下落到地面。观察地面上颗粒无明显运动时，停止仿真并测量煤矸颗粒堆的休止角。

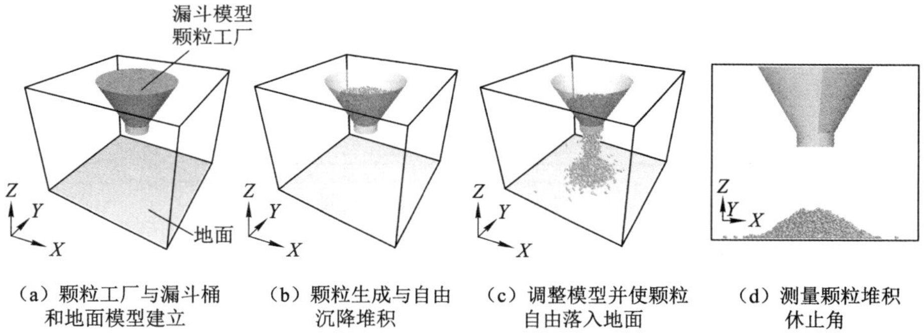

图 3-19　颗粒堆积休止角测量仿真

不同粒度的煤矸颗粒模型休止角仿真结果如图 3-20 所示。相同试验因素和水平下的煤矸颗粒模型的休止角仿真结果在直观上基本相同，而表 3-4 中不同颗粒粒度休止角的试验结果也显示颗粒粒度对堆积休止角有一定影响，但在直观上很难分辨。

（3）煤矸颗粒模型仿真结果分析

根据表 3-11 和表 3-12 中的正交试验方案和仿真参数设置，对三种粒度的

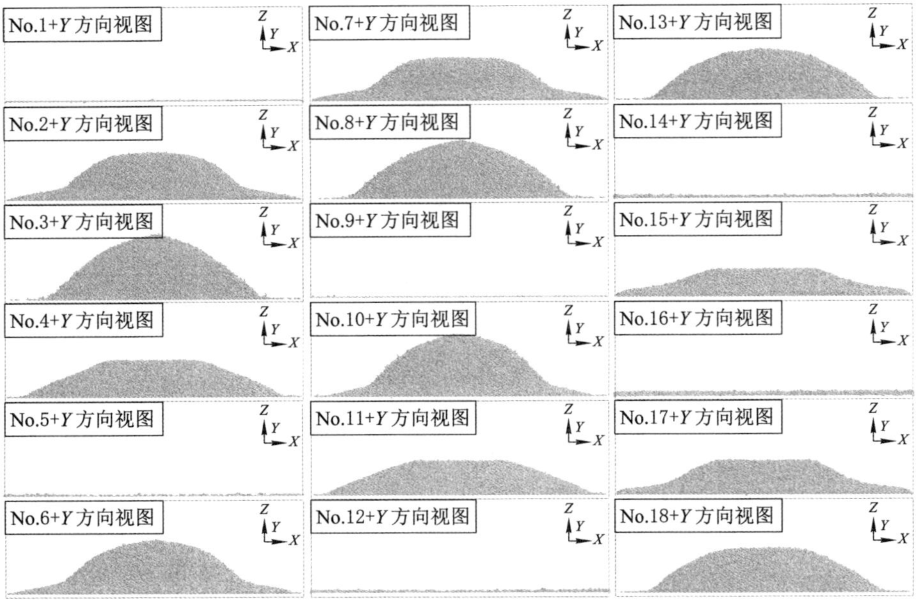

（a）颗粒粒度5～10 mm

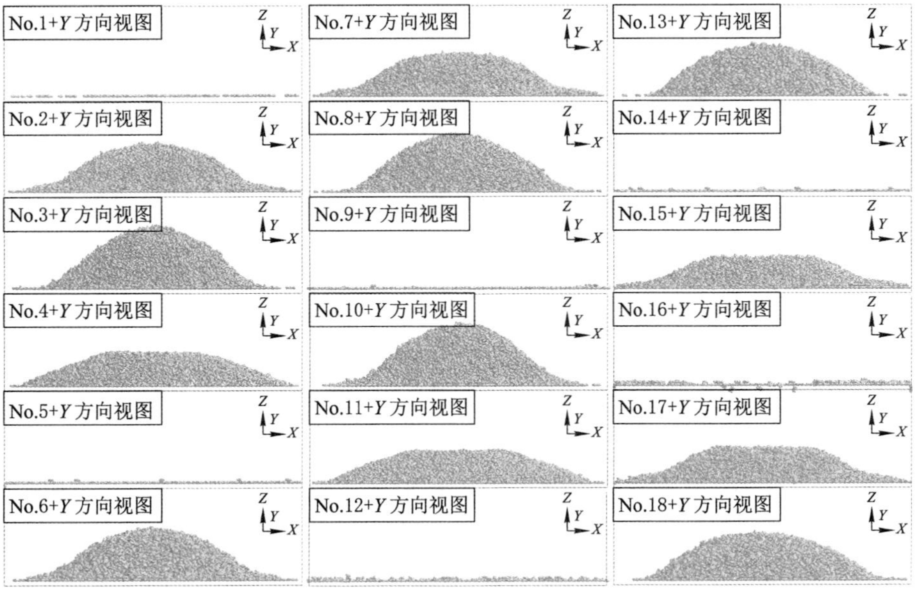

（b）颗粒粒度10～20 mm

图 3-20　不同粒度的煤矸颗粒模型休止角仿真结果

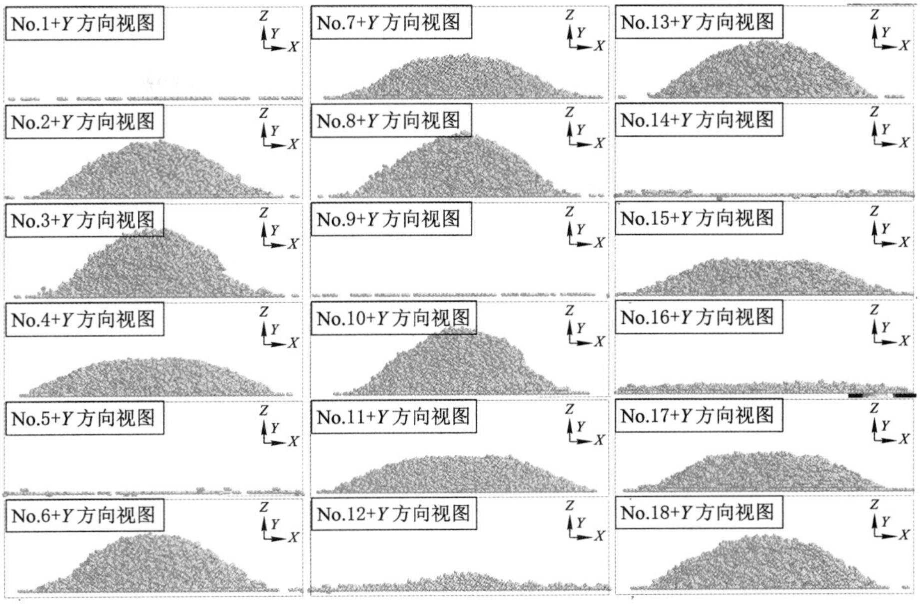

(c) 颗粒粒度20～30 mm

图 3-20(续)

煤矸颗粒模型进行仿真研究,得到煤矸颗粒模型的堆积密度、孔隙率、休止角以及与实际试验结果的误差。根据结果误差,三种颗粒粒度下煤矸颗粒模型的容积密度和孔隙率的结果误差基本上在±15%以内,最小误差为 0.02%,这表明影响煤矸颗粒模型的容积密度和孔隙率变化的多个因素及对应的水平中必有与实际符合的因素和水平。三种颗粒粒度下煤矸颗粒模型休止角的结果误差差异很大,特别是三种颗粒粒度下的试验 1、5、9、12、14、16 都出现休止角为 0 的情况,这表明上述六种试验情况下,颗粒与地面之间的摩擦系数较小,不足以让落下的颗粒休止;三种颗粒粒度下,除六种休止角为 0 的情况外,其余 12 种煤矸颗粒模型的休止角结果误差均在±40%以内,最小误差为 0.00%,这表明影响煤矸颗粒模型的休止角变化的多个因素及对应的水平中也存在与实际符合的因素和水平。

基于上述分析,对仿真结果进行极差分析,K_i 表示任一列上水平号为 i 对应的试验结果之和;R 为极差,表示在任一列上的最大试验结果与最小试验结果的差值,即 $R=\max\{K_1, K_2, \cdots, K_i\}-\min\{K_1, K_2, \cdots, K_i\}$。

各列极差表示各因素的水平变化对试验结果的影响,极差越大,该列因素的变化导致试验指标的变化越大。因此,极差最大的一项因素即为对试验结果影响最大的因素。优方案指在所做的试验范围内,各因素较优的水平组合。各因素优水平的确定与试验指标有关,若指标越大越好,则应选取使指标增大的水平,即各因素中 K_i 最大值所对应的水平;反之,若指标越小越好,则应选取使指标减小的水平。优方案结果如表 3-13所示。

表 3-13　优方案结果

颗粒粒度/mm	堆积密度	孔隙率	休止角
5～10	$C_1D_1A_2F_1B_3E_3G_1$	$C_3D_3A_6F_3B_1E_2G_3$	$F_2C_3E_1D_3A_3G_1B_1$
10～20	$C_1D_1A_2F_1B_3G_3E_1$	$C_3D_3A_6F_3B_1G_1E_3$	$F_2C_3D_3G_1A_3E_1B_1$
20～30	$C_1D_1A_2F_1B_3E_2G_1$	$C_3D_3A_6F_3B_1E_1G_3$	$F_2C_3D_3G_1E_1A_3B_1$
颗粒粒度/mm	误差	误差	误差
5～10	$C_2B_2G_3F_2D_1E_1A_2$	$C_2B_2G_3F_2D_1E_1A_2$	$F_3C_1A_6G_3D_1B_2E_1$
10～20	$C_2B_2E_1G_2A_5D_1F_2$	$C_2B_2E_1G_2A_5D_1F_2$	$F_2C_2A_6B_3D_1E_1G_2$
20～30	$C_2B_2E_1D_1G_3F_2A_6$	$C_2B_2E_1D_1G_3A_6F_2$	$F_3C_2A_3E_1D_3G_2B_1$

根据表 3-13,不同颗粒粒度下影响煤矸颗粒模型堆积密度、孔隙率和休止角的仿真结果中,主要因素顺序以及优方案基本相同,而且仿真结果误差的主要因素顺序以及优方案也基本相似。这表明颗粒粒度对堆积密度、孔隙率和休止角仿真结果及误差结果影响较小。

在三种颗粒粒度下,因素 C 对颗粒堆积密度和孔隙率仿真结果影响的显著性最大,因素 D、因素 A、因素 F、因素 B、因素 E、因素 G 的影响显著性依次降低,因素 E、因素 G 对颗粒堆积密度和孔隙率仿真结果影响的显著性最小;因素 F 对颗粒休止角仿真结果影响的显著性最大,因素 C 次之;因素 D、因素 G、因素 A、因素 E 之间在不同颗粒粒度下的排序不同,可认为与颗粒粒度有一定关系,但影响效果较小;而因素 B 对三种粒度下的颗粒休止角仿真结果影响的显著性最小。

在三种颗粒粒度下,因素 C 对颗粒堆积密度和孔隙率结果误差影响的显著性最大,因素 B 次之,其他因素在不同颗粒粒度下的排序略有不同;因素 F 对颗粒休止角结果误差影响的显著性最大,因素 C 和因素 A 次之,其他因素在不同颗粒粒度下的排序亦有不同。

结合分析结果,选取仿真结果和结果误差的优方案中各个水平出现次数较多的作为优水平,如图 3-21 所示。仿真结果与结果误差的优方案中,各因素水平出现次数差异较大。以降低仿真结果与实际试验结果误差为目的,注重考虑结果误差的优方案中各因素水平出现次数。在结果误差的优方案中，B_2、C_2、D_1、E_1、F_2 这五个水平出现在优方案中的次数明显高于同因素下的其他水平，因此可确定因素 B 的优水平为 B_2，因素 C 的优水平为 C_2，因素 D 的优水平为 D_1，因素 E 的优水平为 E_1，因素 F 的优水平为 F_2，即颗粒-颗粒恢复系数为 0.5，颗粒-颗粒静摩擦系数为 0.3，颗粒-颗粒滚动摩擦系数为 0.1，颗粒-钢恢复系数 0.3，颗粒-钢静摩擦系数为 0.3。

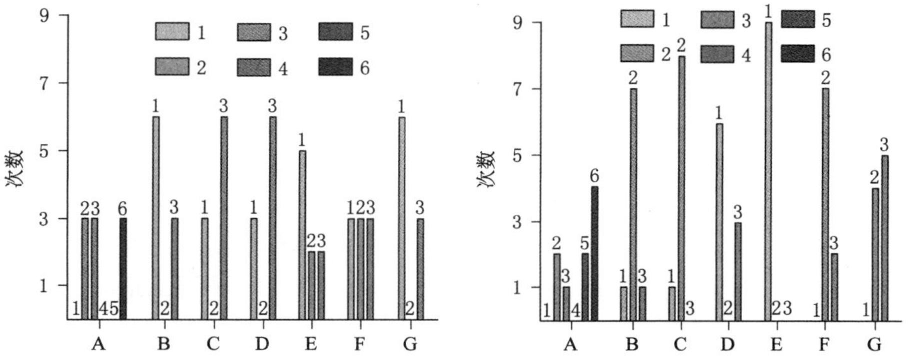

(a) 仿真结果　　(b) 结果误差

图 3-21　仿真结果及结果误差的优方案中水平出现次数

上述已经确定因素 B、因素 C、因素 D、因素 E 和因素 F 的优水平，下面分析讨论因素 A 和因素 G 的优水平。在仿真结果和结果误差的优方案中，水平 A_1 和水平 A_4 出现两次零值，表明上述两种因素 A 的水平值对煤矸颗粒模型堆积密度、孔隙率和休止角的影响可忽略不计。因此排除以上两种水平，即排除颗粒模型因素中的五球三角形模型和五球多边形模型这两种水平，水平 A_2、水平 A_3、水平 A_5 和水平 A_6 待定。因素 G 的水平 G_1 在结果误差的优方案中皆出现零值，因此可以排除该水平。水平 G_2 和水平 G_3 在仿真结果的优方案中出现次数差距较小（水平 G_2 为 4 次，水平 G_3 为 5 次），因此，因素 G 的优水平暂定为 G_2、G_3。

根据上述分析进行验证仿真，由于之前分析中颗粒粒度对堆积密度、孔隙率和休止角仿真结果及误差结果有一定影响，但影响效果较小，因此为降低计算时间、减少计算颗粒数，验证仿真采用颗粒粒度为 20～30 mm 的颗粒模型，试验因素及水平如表 3-14 所列，试验结果如表 3-15 所列。当颗粒-钢滚动摩擦系数（因素 G）较大时，六球三角形模型（A_2）、六球菱形模型（A_3）和七球多边形模型（A_5）的容积密度和孔隙率仿真结果误差较小，容积密度仿真结果误差为正值，孔隙率仿真结果误差为负值。八球长方形模型(A_6)的容积密度和孔隙率仿真结果误差值与颗粒-钢滚动摩擦系数的变化关系不明显，验证了表 3-13 中三种颗粒粒度下的因素 G 对颗粒堆积密度和孔隙率仿真结果影响的显著性最小的论述。当颗粒-钢滚动摩擦系数较小时，六球三角形模型(A_2)和六球菱形模型(A_3)的休止角仿真结果误差较小，七球多边形模型(A_5)和八球长方形模型(A_6)的休止角仿真结果误差较大，且七球多边形模型(A_5)的休止角仿真结果误差均大于5%，因此排除因素 A 中的七球多边形模型(A_5)水平。

表 3-14　验证仿真因素及水平

试验编号	A	B	C	D	E	F	G
1	六球三角形(A_2)	0.5(B_2)	0.3(C_2)	0.01(D_1)	0.3(E_1)	0.3(F_2)	0.03(G_2)
2	六球三角形(A_2)	0.5(B_2)	0.3(C_2)	0.01(D_1)	0.3(E_1)	0.3(F_2)	0.05(G_3)
3	六球菱形(A_3)	0.5(B_2)	0.3(C_2)	0.01(D_1)	0.3(E_1)	0.3(F_2)	0.03(G_2)
4	六球菱形(A_3)	0.5(B_2)	0.3(C_2)	0.01(D_1)	0.3(E_1)	0.3(F_2)	0.05(G_3)
5	七球多边形(A_5)	0.5(B_2)	0.3(C_2)	0.01(D_1)	0.3(E_1)	0.3(F_2)	0.03(G_2)
6	七球多边形(A_5)	0.5(B_2)	0.3(C_2)	0.01(D_1)	0.3(E_1)	0.3(F_2)	0.05(G_3)
7	八球长方形(A_6)	0.5(B_2)	0.3(C_2)	0.01(D_1)	0.3(E_1)	0.3(F_2)	0.03(G_2)
8	八球长方形(A_6)	0.5(B_2)	0.3(C_2)	0.01(D_1)	0.3(E_1)	0.3(F_2)	0.05(G_3)

表 3-15　验证仿真结果

试验编号	容积密度 /(kg/m^3)	容积密度误差 /%	孔隙率	孔隙率误差 /%	休止角 /(°)	休止角误差 /%
1	1 194.90	3.51	0.46	−3.89	31.50	−17.11
2	1 179.44	2.17	0.47	−2.42	37.00	−2.63
3	1 187.32	2.86	0.46	−3.17	34.00	−10.53
4	1 183.24	2.50	0.46	−2.78	37.00	−2.63
5	1 190.65	3.15	0.46	−3.49	35.50	−6.58
6	1 168.41	1.22	0.47	−1.37	34.00	−10.53
7	1 138.31	−1.39	0.48	1.49	37.00	−2.63
8	1 138.31	−1.39	0.48	1.49	35.00	−7.89

基于上述结论，本章选择试验编号 2、4、7 中的参数作为后续颗粒之间及颗粒与管壁间互作用耦合仿真的基本参数，如表 3-16 所列。

表 3-16　煤矸颗粒模型及互作用系数

项目	参数		
颗粒模型	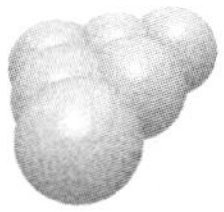 六球三角形模型	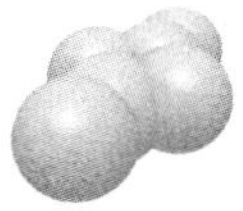 六球菱形模型	 八球长方形模型
颗粒-颗粒恢复系数	0.50	0.50	0.50
颗粒-颗粒静摩擦系数	0.30	0.30	0.30
颗粒-颗粒滚动摩擦系数	0.01	0.01	0.01
颗粒-钢恢复系数	0.30	0.30	0.30
颗粒-钢静摩擦系数	0.30	0.30	0.30
颗粒-钢滚动摩擦系数	0.05	0.05	0.03

采用表 3-16 中的参数进行颗粒粒度为 5～10 mm 和 10～20 mm 的容积密度、孔隙率以及休止角仿真，得出上述参数下，两种颗粒粒度模型的容积密度、孔隙率以及休止角仿真结果误差皆小于 5%。考虑实际煤矸颗粒形状的不均一性，在仿真中采用表 3-16 中的模型及互作用系数时，三种煤矸颗粒模型进行随机配比。

3.5　煤矸颗粒碰撞试验研究

为了明确煤矸颗粒之间以及煤矸颗粒与管壁之间的碰撞行为，获得煤矸颗粒碰撞前后的速度与入射角及反射角之间的关系，本节搭建了煤矸颗粒碰撞实验台，该实验台通过高速同步带加速煤矸颗粒，使煤矸颗粒与实验台碰撞箱侧板发生碰撞，同时采用高速摄像机记录碰撞过程中颗粒的运动轨迹。

3.5.1　实验台结构及组成

煤矸颗粒碰撞实验台如图 3-22 所示。实验台由加速装置、碰撞箱和记录装置等组成。加速装置是实验台的关键组件之一，主要由变频电机、联轴器、电机座、保护套、同步带、驱动座等组成。变频电机安装在电机座上，其输出轴通过联轴器与安装在驱动座上的同步带连接，保护套放在同步带上方。碰撞箱主要由底板、侧板、底座、透明板、挡板等组成。碰撞箱底板与同步带齐平，同步带抛出的颗粒进入碰撞箱，与碰撞箱侧板碰撞。记录装置安装在碰撞箱一侧，主要由高速摄像机、相机架等组成，用于记录煤矸颗粒在碰撞箱内的运动轨迹。

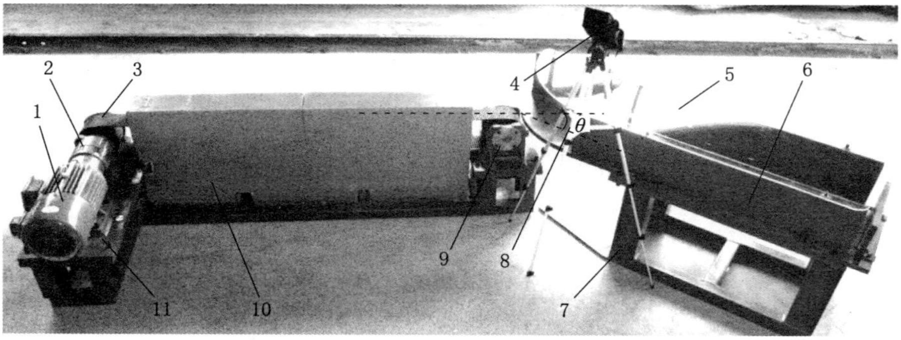

1—变频电机；2—联轴器；3—同步带；4—高速摄像机；5—透明板；6—碰撞箱；7—底座；8—相机架；9—驱动座；10—保护套；11—电机座。

图 3-22 煤矸颗粒碰撞实验台

加速装置和碰撞箱之间可相对转动，定义加速装置与碰撞箱之间的夹角 θ（锐角）为实验台夹角。试验过程中，开启高速摄像机，启动电机，通过变频器调节变频电机转速，将煤矸放在同步带速度初始侧，煤矸随同步带加速，到同步带末侧被抛出，并以一定的入射角进入碰撞箱。通过分析颗粒运动轨迹可获得碰撞前后的颗粒入射速度、反射速度、入射角和反射角。

通过调整加速装置和碰撞箱之间的夹角，并配合变频器、转速仪和高速摄像机，可获得不同初速度和实验台夹角下的颗粒碰撞运动轨迹，为验证颗粒接触模型及互作用系数提供了试验依据。煤矸颗粒碰撞实验台的试验仪器主要有 VLT Micro Drive-FC51 变频器、JVC/GC-PX100BAC 高速摄像机以及 DT-2236B 两用式数显转速仪，如图 3-23 所示。

VLT Micro Drive-FC51 变频器主要用于调节煤矸颗粒碰撞性能测试实验台中变频电机的转速，实验台中使用的变频电机额定转速为 1 420 r/min，同步带轮的直径为 150 mm。若电机直接接入 380 V 三相电，则同步带线速度为 669 m/min。因此，为了降低电机转速并且方便调节同步带线速度，需通过变频器改变 380 V 三相电的输出频率使电机达到试验所需的转速。

JVC/GC-PX100BAC 高速摄像机采用背照式 CMOS（互补金属氧化物导体）图像感光器元件，可进行每秒 100～500 帧的连续拍摄，有效像素为 1 280 万，光学变焦为 10 倍，数字变焦为 64 倍。

DT-2236B 两用式数显转速仪具有非接触式测量和接触式测量功能。非接

（a）变频器　　（b）高速摄像机　　（c）转速仪

图 3-23　主要试验仪器

触式测量采用光电技术可测量旋转物体的转速：在被测物体上贴一个反光标志，将测量方式旋转开关拨至光电转速挡；当被测物体转速稳定时，使转速仪的光电测量端与被测目标形成一条直线，按住光电测量按钮，待显示值稳定后，释放光电测量按钮；按下存储键显示出测量的最大值、最小值以及测量均值。接触式测量可测量旋转物体的转速和直线运动物体的线速度：根据测量环境和被测物体的需求，在接触测量端更换不同类型的接触转速和线速度配件，将测量方式旋转开关拨至接触转速挡或接触线速度挡；将接触转速配件或者接触线速度配件紧靠被测物体，并按下测量按钮，待显示数值稳定后释放测量按钮；按下存储键显示测量的最大值、最小值以及测量均值。

3.5.2　试验步骤及方案

本节采用颗粒碰撞实验台模拟气力输送管道中煤矸颗粒碰撞行为，以获得煤矸颗粒在不同初速度和实验台夹角下与碰撞箱侧板碰撞前后的运动轨迹，试验步骤如下：

① 调整实验台夹角；

② 安装并调整记录装置的位置，使高速摄像机能通过碰撞箱的透明板俯拍底板；

③ 设定与变频电机相连的变频器输出频率，启动变频器待变频电机转速达到稳定，通过 DT-2236B 两用式数显转速仪测量同步带轮转速并计算高速同步皮带的线速度，调整变频器输出频率使高速同步皮带达到所需的线速度；

④ 启动高速摄像机，在高速同步皮带的驱动端放入一块煤矸颗粒，煤矸颗粒随高速同步皮带一同运动到从动端，并射入碰撞箱，与侧板发生碰撞；

⑤ 待煤矸颗粒停止运动或运动出碰撞箱后，停止高速摄像机工作。

根据上述试验步骤进行煤矸颗粒碰撞试验，试验方案如表 3-17 所列，为选择适合的入射角度和颗粒粒径，避免拍摄中颗粒过小而无法获得颗粒图像，或颗粒过大而无法获得颗粒准确位置，以及入射角过大导致颗粒行程过长而无法拍摄颗粒碰撞全过程，或入射角过小导致颗粒行程过短而拍摄颗粒运动轨迹不清晰等问题。通过试测拍摄，最终确定试验中煤矸颗粒粒径为 10～20 mm，实验台夹角初步定为 30°、45°和 60°，实际安装精确值为 28.9°、42.8°和 59.3°。同时，试测拍摄时发现当颗粒速度大于 6 m/s 时，即使采用最高帧频 500 fps(帧/s)也无法获得较为清晰的煤矸颗粒图片，且电机频率与同步带线速度呈正比关系。因此，试验中同步带的线速度不高于 6 m/s，采用 15 Hz、20 Hz 和 25 Hz 三组电机频率，实际测得的同步带线速度分别为 3.08 m/s、4.27 m/s 和 5.43 m/s。

表 3-17　煤矸颗粒碰撞试验方案

试验编号	实验台夹角 θ/(°)	电机频率 /Hz	同步带线速度/(m/s)	高速摄像机帧频/(帧/s)
1	28.9	15	3.08	300
2	28.9	20	4.27	400
3	28.9	25	5.43	500
4	42.8	15	3.08	300
5	42.8	20	4.27	400
6	42.8	25	5.43	500
7	59.3	15	3.08	300
8	59.3	20	4.27	400
9	59.3	25	5.43	500

3.5.3　试验结果及分析

根据上述试验步骤及表 3-17 的试验方案，采用粒度为 10～20 mm 的煤矸颗粒进行不同处速度和实验台夹角下的颗粒碰撞试验，试验中某颗粒的位置与运动轨迹如图 3-24 所示。

图 3-24(a)为高速摄像机获得的不同时刻下颗粒位置图片；图 3-24(b)为间隔 0.02 s 的颗粒运动轨迹图。根据每个颗粒之间相对位移，可计算出相邻时间内颗粒的平均速度。每个方案进行多组试验，从每组试验中选取 6 个最具代表性的颗粒运动轨迹。为了方便测量颗粒的入射角 β_0 和反射角 β_1，将每组颗粒运动轨迹上与实验箱碰撞点集中于同一点，九组试验的煤矸颗粒运动轨迹如图 3-25 所示。

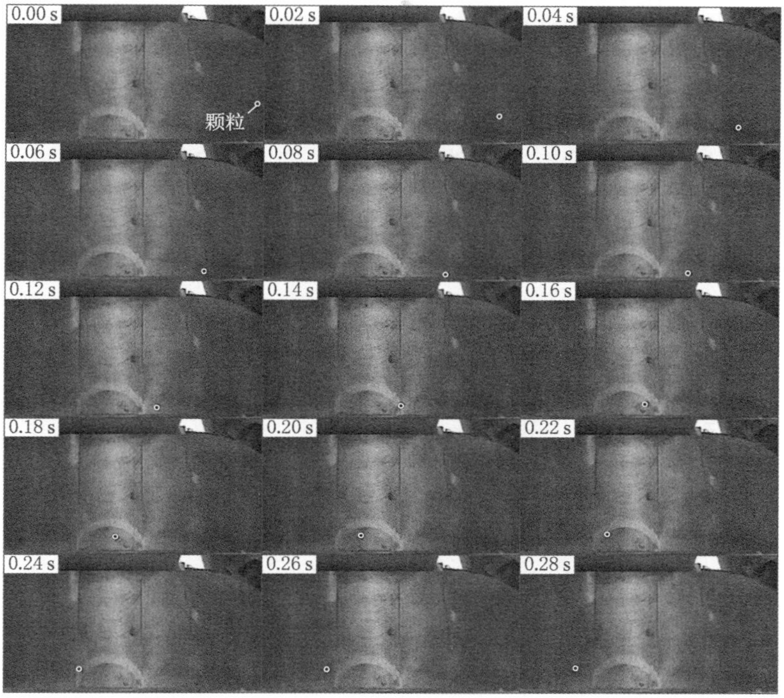

（a）不同时刻下颗粒位置图片

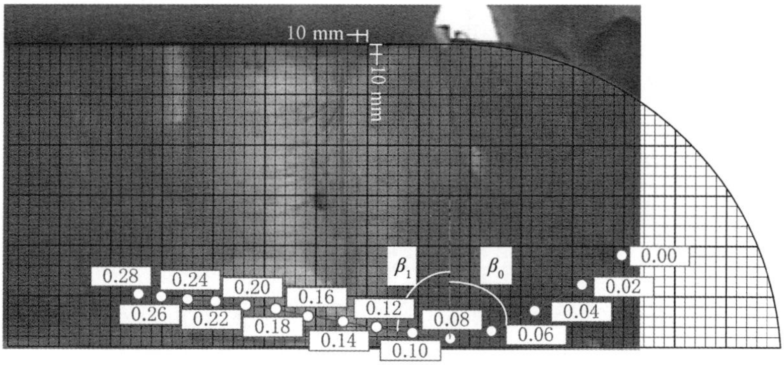

（b）采用网格标尺描绘颗粒运动轨迹

图 3-24　颗粒位置与运动轨迹

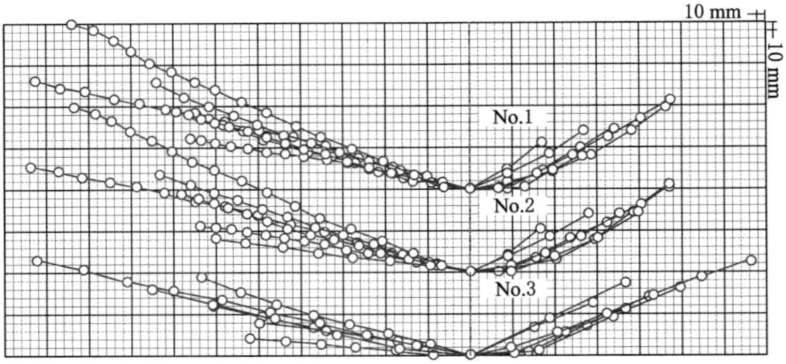

(a)

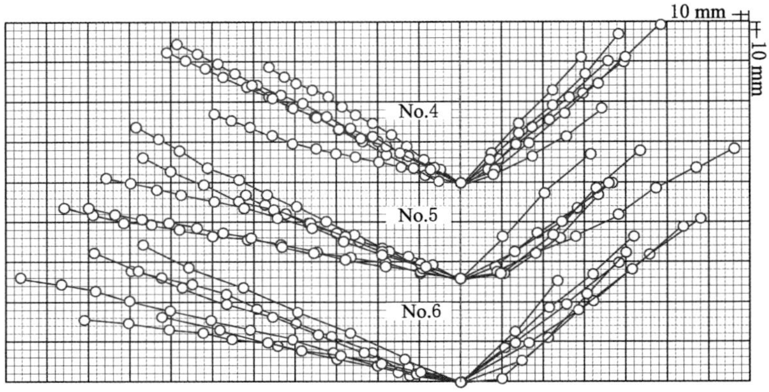

(b)

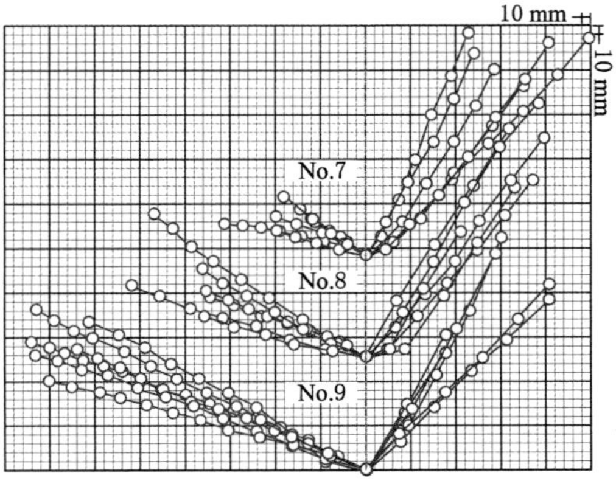

(c)

图 3-25　煤矸颗粒运动轨迹

由于煤矸颗粒外形不规则，碰撞前及碰撞后的颗粒运动轨迹并非一条直线。同时颗粒与实验台底板之间的滑动、滚动摩擦在一定程度上影响了颗粒的运动速度。因此，本节规定颗粒入射速度和反射速度为颗粒碰撞前后的速度，且颗粒的入射角和反射角为颗粒碰撞前后运动轨迹与中轴线之间的夹角。

根据图 3-25 中颗粒碰撞运动轨迹，可获得碰撞前后的颗粒速度、入射角 β_0 和反射角 β_1 及其均值，九组试验的平均结果如表 3-18 所列。

表 3-18　九组试验平均结果

试验编号	平均入射速度 /(m/s)	平均反射速度 /(m/s)	平均入射角 /(°)	平均反射角 /(°)
1	2.53	1.88	59.33	70.33
2	3.22	2.25	62.42	75.67
3	4.01	3.27	65.17	78.50
4	2.70	1.87	45.17	65.33
5	3.37	2.32	47.67	72.00
6	4.06	3.22	50.67	72.83
7	2.63	1.79	35.00	64.50
8	3.33	2.16	33.42	65.00
9	4.08	3.20	36.67	65.67

颗粒的平均入射速度皆小于试验条件下的同步带线速度，这是因为颗粒进入碰撞箱时与底板发生相对运动，导致颗粒运动速度降低。根据碰撞前后颗粒速度、入射角和反射角的平均结果，绘制实验台试验参数与试验结果关系图，如图 3-26 所示。

在图 3-26(a)中，在相同实验台夹角下，随着同步带线速度的增大，颗粒的入射角和反射角虽有变化但变化量较小，皆在±5°之间。在三种不同实验台夹角下，颗粒的入射角随着同步带线速度的增大呈增大趋势，但增加幅度各有不同，这是由于煤矸颗粒的不规则外形对煤矸颗粒的运动路线有一定影响，这点可从图 3-25 颗粒的运动轨迹图中得出。煤矸颗粒外形的不规则性导致颗粒运动轨迹并非一条直线，从而对煤矸颗粒的入射角有一定的影响，但颗粒的入射角变化量并不大，对试验结果影响可忽略不计。颗粒的反射角随着同步带线速度的增大皆呈增大趋势，且相应的颗粒反射角增大量与入射角增大量基本相同。

在图 3-26(b)中，同步带线速度相同情况下，随着实验台夹角的增大，颗粒的入射速度和反射速度变化规律基本一致，均呈先增大后降低的趋势，但变化趋

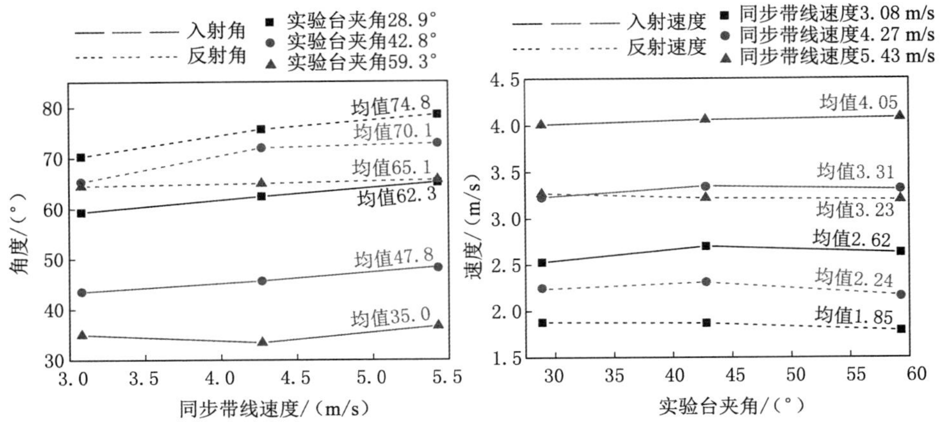

(a) 碰撞前后颗粒入射角与反射角　　(b) 碰撞前后颗粒入射速度与反射速度

图 3-26　碰撞前后颗粒速度、入射角和反射角试验结果

势较小，可认为颗粒的入射速度和反射速度随实验台夹角的变化基本不变。在同步带线速度相同情况下，颗粒的入射速度和反射速度间差值基本相同，如表 3-19所列。试验中采用的煤矸颗粒粒径为 10～20 mm，煤矸颗粒质量基本相同，说明颗粒与实验台侧板碰撞时损耗的动量和动能基本相同。

表 3-19　颗粒入射速度与反射速度差值

同步带线速度/(m/s)	实验台夹角			均值	平均绝对偏差
	28.90°	42.80°	59.30°		
3.08	0.65	0.83	0.84	0.77	0.08
4.27	0.97	1.05	1.17	1.06	0.07
5.43	0.74	0.84	0.88	0.82	0.05

综上所述，在煤矸颗粒碰撞试验中，当实验台夹角相同时，不同同步带线速度下的颗粒入射角及反射角基本相同；当同步带线速度相同时，颗粒的入射速度和反射速度不随实验台夹角的变化而变化。进一步得出，同步带线速度与颗粒入射角和反射角之间无显著关系，实验台夹角与颗粒入射速度和反射速度之间无显著关系，且颗粒的入射速度和反射速度间差值基本相同，即可认为颗粒与实验台侧板碰撞时损耗的动量和动能基本相同。

3.6　煤矸颗粒碰撞仿真研究

为了验证本章获得的煤矸颗粒接触模型、煤矸颗粒之间的互作用系数以及煤矸颗粒与钢之间的互作用系数，本节基于煤矸颗粒碰撞试验，进行煤矸颗粒碰撞仿真研究。以碰撞前后的颗粒速度与入射角和反射角之间关系为评判标准，对比分析仿真与试验的结果之间的误差，以论证仿真参数的可靠性，为煤矸颗粒与气力流场耦合动力学仿真研究提供颗粒模型的可靠性依据。

3.6.1　仿真模型及参数设置

基于煤矸颗粒碰撞实验台结构，在 EDEM2.5 软件中采用本章获得的颗粒接触模型、互作用系数以及颗粒模型，进行煤矸颗粒离散元碰撞仿真研究，碰撞箱仿真模型如图 3-27 所示。碰撞箱尺寸与实际碰撞台尺寸相近，通过改变颗粒工厂平面与 Z 轴之间夹角来获得不同的颗粒入射角，仿真中重力方向沿 Z 轴的负方向。根据实际试验情况，设定碰撞箱、颗粒及颗粒工厂的仿真参数，如表 3-20所列。

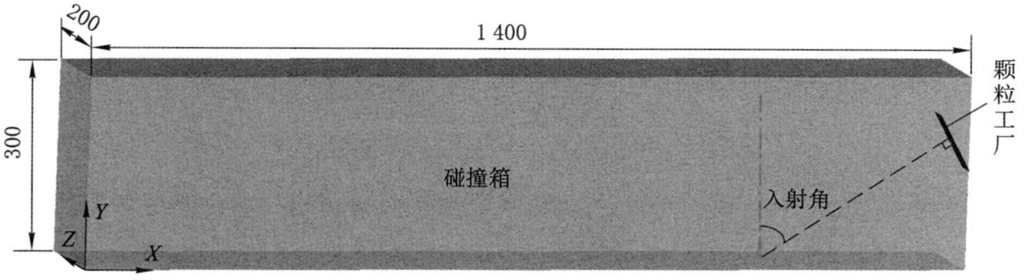

图 3-27　碰撞箱仿真模型

碰撞箱模型参数采用 16 Mn 结构钢参数，颗粒采用数量相同的六球三角形模型、六球菱形模型以及八球长方形模型，颗粒与碰撞箱墙壁之间接触参数采用表 3-16 中的颗粒与颗粒、颗粒与钢之间互作用参数。根据表 3-17 煤矸颗粒碰撞试验方案进行煤矸颗粒碰撞仿真，其中颗粒初速度与试验中同步带线速度相同。

表 3-20　颗粒碰撞仿真参数

项目	参数	数值
颗粒	密度/(kg/m³)	2 206
	剪切模量/Pa	2.52×10^{10}
	泊松比	0.25
碰撞箱	密度/(kg/m³)	7 850
	剪切模量/Pa	8.09×10^{10}
	泊松比	0.31
颗粒工厂	工厂类型	动态
	颗粒数/个	10(六球三角形模型)
		10(六球菱形模型)
		10(八球长方形模型)

3.6.2　仿真与试验结果对比分析

根据颗粒碰撞试验进行仿真模拟，九组不同入射角度和颗粒初速度下的颗粒与碰撞箱模型仿真结果如图 3-28 所示。

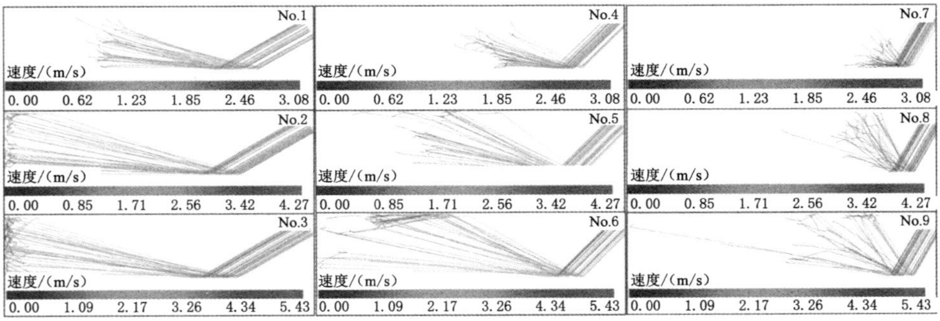

图 3-28　碰撞仿真中颗粒运动轨迹

对比图 3-25 中煤矸颗粒碰撞试验的颗粒运动轨迹，可以看出仿真中颗粒运动轨迹平滑，在碰撞前后颗粒运动轨迹直线性较强，但颗粒运动轨迹后段出现了曲线轨迹，表明此时颗粒形状才对运动轨迹产生了影响，这与试验中颗粒运动轨迹相似。但试验中颗粒碰撞之后的运动轨迹为曲线，表明试验时颗粒形状对颗粒运动轨迹影响较大。导致这一现象的原因是试验中煤矸颗粒不断与试验台底板表面发生碰撞、滑动，使实验台底板表面产生较多坑点和划痕，而且试验使用的煤矸颗粒为不规则颗粒，其形心与重心不在同一位置，运动中产生旋转或偏移，从而导致煤矸颗粒的运动轨迹出现曲线情况。

基于颗粒仿真运动轨迹，以入射速度、反射速度、入射角度及反射角度为指标，统计每组仿真中三种形状颗粒碰撞前后的运动速度和运动轨迹角度，结果如表 3-21 和表 3-22 所列。

表 3-21　颗粒平均运动速度

试验编号	六球三角形颗粒		六球菱形颗粒		八球长方形颗粒		全部颗粒	
	入射速度/(m/s)	反射速度/(m/s)	入射速度/(m/s)	反射速度/(m/s)	入射速度/(m/s)	反射速度/(m/s)	入射速度/(m/s)	反射速度/(m/s)
1	2.67	2.04	2.78	2.04	2.81	2.07	2.75	2.05
2	3.94	2.81	3.92	2.89	3.93	2.92	3.93	2.88
3	5.11	3.90	5.27	3.93	5.15	3.75	5.17	3.86
4	2.73	1.85	2.83	1.86	2.75	1.69	2.77	1.80
5	4.16	2.90	4.14	2.49	4.15	2.38	4.15	2.59
6	5.40	3.55	5.37	3.30	5.32	3.38	5.36	3.42
7	2.91	1.67	2.85	1.90	2.88	1.76	2.88	1.78
8	4.22	2.79	4.28	2.76	4.06	2.56	4.18	2.70
9	5.35	3.61	5.27	3.41	5.29	3.31	5.35	3.48

表 3-22　颗粒运动轨迹角度

试验编号	六球三角形颗粒		六球菱形颗粒		八球长方形颗粒		全部颗粒	
	入射角度/(°)	反射角度/(°)	入射角度/(°)	反射角度/(°)	入射角度/(°)	反射角度/(°)	入射角度/(°)	反射角度/(°)
1	61.10	79.74	61.10	79.86	61.10	79.73	61.10	79.78
2	61.10	80.26	61.10	80.57	61.10	80.21	61.10	80.35
3	61.10	79.50	61.10	81.38	61.10	80.33	61.10	80.40
4	47.20	75.51	47.20	76.41	47.20	74.93	47.20	75.62
5	47.20	76.76	47.20	75.21	47.20	76.64	47.20	76.21
6	47.20	74.69	47.20	76.01	47.20	75.91	47.20	75.54
7	30.70	58.42	30.70	55.30	30.70	58.46	30.70	57.39
8	30.70	57.52	30.70	58.57	30.70	58.53	30.70	58.21
9	30.70	55.89	30.70	52.50	30.70	57.31	30.70	55.23

三种颗粒在相同入射角度和初速度下的入射速度、反射速度以及反射角度基本相同，表明三种颗粒的形状及互作用参数间虽有差异但其运动和碰撞性能相同，因此，采用全部颗粒的平均值与表 3-18 的试验结果相比较，如图 3-29 所示。对比颗粒碰撞仿真结果与试验结果可得，颗粒碰撞仿真中，颗粒入射角、反射角、入射速度及反射速度的变化趋势与试验的变化趋势有相似之处，但存在一定误差。

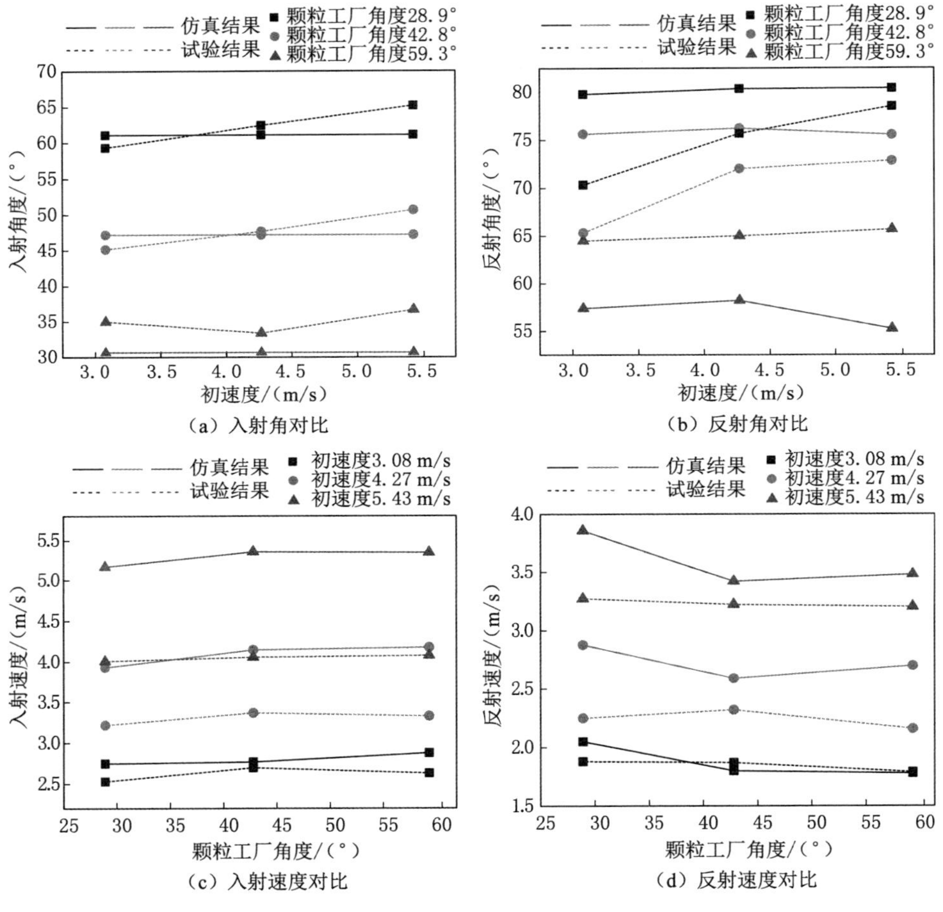

图 3-29 颗粒碰撞仿真与试验结果

如图 3-29(a)和图 3-29(b)所示，试验中颗粒的入射角度与仿真基本相同，反射角与仿真有一定的差异，但差值小于 16%。仿真中颗粒反射角基本不随颗粒初速度的增大而变化，符合煤矸颗粒碰撞试验中得出的同步带线速度(即颗粒初速度)与颗粒反射角之间无显著关系结论。

如图 3-29(c)和图 3-29(d)所示,仿真中颗粒的入射速度大于试验入射速度,这是由于试验中煤矸颗粒离开同步带时,达不到与同步带相同的初速度,而仿真中则赋予了与同步带相同的初速度。随着颗粒工厂角度的增大,颗粒的入射速度呈略微增大趋势,而反射速度呈现先降低再增加的趋势,这与试验结果略有不同,但入射速度和反射速度的变化幅值均小于 0.5,可认为颗粒的入射速度和反射速度基本不变,这与试验获得的结论相同。在初速度相同的情况下,颗粒入射速度与反射速度之间的差值基本相同,如表 3-23 所列,这亦与试验得到的结论相同。

表 3-23　仿真中颗粒入射速度与反射速度之间的差值

初速度/(m/s)	颗粒工厂角度			均值	平均绝对偏差
	28.9°	42.8°	59.3°		
3.08	0.70	0.97	1.10	0.92	0.15
4.27	1.05	1.56	1.48	1.36	0.21
5.43	1.31	1.94	1.87	1.71	0.26

综上所述,对比煤矸颗粒碰撞试验和仿真结果,表明煤矸颗粒模型和颗粒之间以及颗粒与钢之间的互作用系数与试验结果相同。试验结果可用于后续煤矸颗粒与气力流场耦合动力学仿真研究,试验为颗粒之间及颗粒与管壁间的互作用耦合仿真提供了准确可靠的颗粒模型与基础参数,并为匹配不规则颗粒的形状特性和物理性质提供了参考方法。

参考文献

[1] XU B H,YU A B. Numerical simulation of the gas-solid flow in a fluidized bed by combining discrete particle method with computational fluid dynamics[J]. Chemical engineering science,1997,52:2785-2809.

[2] PAN R. Material properties and flow modes in pneumatic conveying[J]. Powder technology,1999,104:157-163.

[3] BOUWMAN A M,BOSMA J C,VONK P,et al. Which shape factor(s) best describe granules? [J]. Powder technology,2004,146:66-72.

[4] CHAMPION J A,KATARE Y K,MITRAGOTRI S. Particle shape:a new design parameter for micro- and nanoscale drug delivery carriers[J]. Jour-

nal of controlled release,2007,121(1-2):3-9.

[5] LIU B Q,ZHANG X H,WANG L G,et al. Fluidization of non-spherical particles: Sphericity, Zingg factor and other fluidization parameters[J]. Particuology,2008,6(2):125-129.

[6] SOMMERFELD M. Analysis of collision effects for turbulent gas-particle flow in a horizontal channel: part Ⅰ. Particle transport[J]. International journal of multiphase flow,2003,29:675-699.

[7] SOMMERFELD M,KUSSIN J. Analysis of collision effects for turbulent gas-particle flow in a horizontal channel: part Ⅱ. Integral properties and validation[J]. International journal of multiphase flow,2003,29:701-718.

[8] SOMMERFELD M, KUSSIN J. Wall roughness effects on pneumatic conveying of spherical particles in a narrow horizontal channel[J]. Powder technology,2004,142:180-192.

[9] LAÍN S,SOMMERFELD M. Euler/Lagrange computations of pneumatic conveying in a horizontal channel with different wall roughness[J]. Powder technology,2008,184:76-88.

[10] HILTON J E,CLEARY P W. The influence of particle shape on flow modes in pneumatic conveying[J]. Chemical engineering science,2011,66(3):231-240.

[11] WANG Y,LU Y,JIN Y O. Numerical modelling of dynamic pressure and flow in hopper discharge using the Arbitrary Lagrangian-Eulerian formulation[J]. Engineering structures,2013,56:1308-1320.

[12] 赵啦啦,赵跃民,刘初升,等. 湿颗粒堆力学特性的离散元法模拟研究[J]. 物理学报,2014,63(3):257-265.

[13] HÖHNER D, WIRTZ S, SCHERER V. A study on the influence of particle shape and shape approximation on particle mechanics in a rotating drum using the discrete element method[J]. Powder technology, 2014, 253:256-265.

[14] HÖHNER D, WIRTZ S, SCHERER V. A study on the influence of particle shape on the mechanical interactions of granular media in a hopper using the discrete element method[J]. Powder technology,2015,278:286-305.

[15] ZHENG K H,DU C L,LI J P,et al. Numerical simulation of the impact-breakage behavior of non-spherical agglomerates[J]. Powder technology, 2015,286:582-591.

[16] YANG D L, LI J P, DU C L, et al. Injection performance of a gas-solid injector based on the particle trajectory model[J]. Advances in materials science and engineering, 2015, 871067.

[17] QIU J Y, JU D C, ZHANG J L, et al. DEM simulation of particle flow in a parallel-hopper bell-less charging apparatus for blast furnace[J]. Powder technology, 2017, 314: 218-231.

[18] ZHOU J W, LIU Y, DU C L, et al. Numerical study of coarse coal particle breakage in pneumatic conveying[J]. Particuology, 2018, 38: 204-214.

[19] NICOLIN G, PATRICK P, NOR-EDINE A, et al. A study of shape non-uniformity and poly-dispersity in hopper discharge of spherical and polyhedral particle systems using the Blaze-DEM GPU code[J]. Applied mathematics and computation, 2018, 319: 318-336.

[20] YOU Y, LIU M L, MA H Q, et al. Investigation of the vibration sorting of non-spherical particles based on DEM simulation [J]. Powder technology, 2018, 325: 316-332.

[21] HE Y, EVANS T J, SHEN Y S, et al. Discrete modelling of the compaction of non-spherical particles using a multi-sphere approach[J]. Minerals engineering, 2018, 117: 108-116.

[22] KRUGGEL-EMDEN H, SIMSEK E, RICKELT S, et al. Review and extension of normal force models for the Discrete Element Method[J]. Powder technology, 2007, 171(3): 157-173.

[23] 仇铁，由长福，祁海鹰，等. 用 DEM 软球模型研究颗粒间的接触力[J]. 工程热物理学报，2002，23(增刊 1)：197-200.

[24] GELDART D. Types of gas fluidization[J]. Powder technology, 1973, 7: 285-292.

[25] DIXON G. The impact of powder properties on dense phase flow[C]// Proceeding of international conference on pneumatic conveying. London: [s. n.], 1979.

[26] DIXON G, BUTLERS G, CROSS J. Plastics pneumatic conveying and bulk storage[M]. London: Applied Science Publishers, 1981.

[27] PAN R. Scale-up procedure for the design of pneumatic conveying systems[D]. Wollongong: University of Wollongong, 1992.

[28] PAN R, MI B, WYPYCH P. Pneumatic conveying characteristics of fine and granular bulk solids[J]. KONA powder and particle journal, 1994,

12:77-85.

[29] PAN R. Material properties and flow modes in pneumatic conveying[J]. Powder technology,1999,104:157-163.

[30] KASHANI A,SAN NICOLAS R,QIAO G G,et al. Modelling the yield stress of ternary cement-slag-fly ash pastes based on particle size distribution[J]. Powder technology,2014,266:203-209.

[31] STOYAN D. Weibull,RRSB or extreme-value theorists? [J]. Metrika,2013,76(2):153-159.

[32]《化学工程手册》编辑委员会. 化学工程手册:第 19 篇 颗粒及颗粒系统[M]. 北京:化学工业出版社,1989.

[33] 刘柏谦,苏伟强. 颗粒球形度与 Zingg 指数对流化床燃烧过程影响的研究[J]. 过程工程学报,2006,6(增刊 2):368-374.

[34] CUNDALL P A,STRACK O D L. A discrete numerical model for granular assemblies[J]. Géotechnique,1979,19(1):47-65.

[35] 胡国明. 颗粒系统的离散元素法分析仿真:离散元素法的工业应用与 EDEM 软件简介[M]. 武汉:武汉理工大学出版社,2010.

第 4 章　不规则煤矸颗粒气力悬浮仿真与试验研究

在气力输送流场中，颗粒运动受流场的作用力和自身重力的影响，流场的作用力与流场状态和颗粒的运动状态息息相关。颗粒受到流场作用力时，除自身运动状态改变外，还对颗粒附近流场状态产生影响。尤其是颗粒重心与形心不在同一位置上的不规则大粒径颗粒，当颗粒在流场中受力不平衡时，颗粒在力矩作用下发生旋转，搅动颗粒附近的流场，产生旋涡或紊流。在垂直向上的气力输送中，颗粒处于悬浮或者匀速运动状态时的流场速度即为颗粒悬浮速度，一般气力输送管道中的流场速度应不小于所输送颗粒的悬浮速度。

为获得垂直流场中影响煤矸颗粒动力学特性因素以及适宜的气力垂直输送流场速度，基于欧拉法研究流体运动状态，获得流场中气相连续性方程、动量方程以及湍流传输方程；并考虑颗粒在流场中受到的流体阻力、Saffman 升力、Magnus 升力以及重力等作用力的影响，采用欧拉耦合模型，依托于 Fluent 软件和 EDEM 软件，实现颗粒相与气相的互相耦合；在考虑管壁直径、颗粒形状以及雷诺数与流体阻力系数间关系的基础上，根据粒径法计算煤矸颗粒和当量球体颗粒在垂直流场中的悬浮速度，搭建颗粒悬浮实验台，进行 5～30 mm 粒径范围的煤矸单颗粒和颗粒群悬浮试验；并建立垂直流场中的煤矸颗粒与流场间的耦合仿真模型，在垂直渐变流场中，进行当量球体的单颗粒悬浮仿真以及煤矸颗粒的单颗粒和颗粒群仿真研究，分析煤矸颗粒在流场中动力学特性，并对比理论计算、实际试验以及仿真模拟获得的煤矸颗粒悬浮速度，为煤矸颗粒气力输送系统中选择合适的流场速度提供了理论及试验依据，同时也证明煤矸颗粒模型可以替代实际颗粒进行气力输送仿真研究。

4.1　颗粒与流场耦合模型建立

在输送流场中，流场为颗粒提供运动所需的能量，流场与颗粒之间发生动量、能量的交换。为研究不规则、大粒径颗粒与输送流场互作用特性，在采用欧拉法研究流体运动状态的基础上，应用欧拉耦合模型建立气力输送流场中颗粒相与气相之间的耦合模型。

4.1.1 颗粒与流场耦合实现

煤矸颗粒与气流流场之间的相互作用，属于气固两相流耦合范畴。本书采用CFD(computational fluid dynamics，计算流体力学)与DEM(discrete element method，离散元法)耦合的方法实现煤矸颗粒与气力输送流场互相耦合，通过Fluent 14.5软件与EDEM 2.5软件耦合连接，进行煤矸颗粒与气力输送流场的耦合仿真研究。

目前颗粒与流场耦合模型有两种：拉格朗日耦合模型和欧拉耦合模型。拉格朗日模型只考虑气固两相之间的动量转换，而欧拉模型还考虑了固相对气相流场的影响。拉格朗日模型适用于固相体积小于总体积10%的耦合模型，但本书研究的煤矸颗粒粒径较大，故而不适合使用拉格朗日模型。因此，本章采用欧拉模型建立煤矸颗粒与气流流场耦合模型，其耦合仿真流程如图4-1所示。

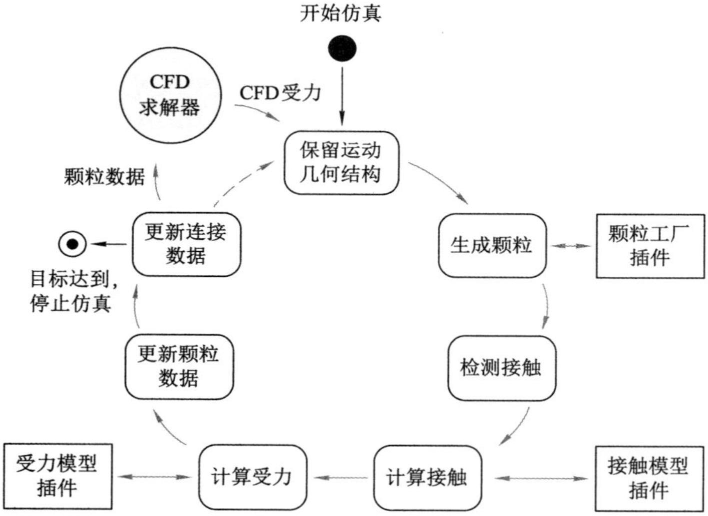

图4-1　EDEM与Fluent软件耦合仿真流程

仿真开始时，保留或生成所需的几何结构及其运动行为；采用颗粒工厂插件生成所需的颗粒群；在检测颗粒之间接触特性的基础上，基于接触模型计算或建立颗粒间以及颗粒与墙壁间的接触行为；采用受力模型插件计算颗粒或几何结构的受力，之后更新颗粒数据和颗粒连接数据，并判断是否达到仿真目标或者仿真步数;将颗粒数据输送到计算流体力学解器——Fluent 14.5 软件中,并将获得的颗粒 CFD 受力情况返回 EDEM 2.5 软件中,更新仿真几何模型及其运动行为,继续下一次循环计算。

在流场中,由于流场速度梯度和颗粒自转运动而产生升力和转矩,在 EDEM-Fluent 耦合模块中,升力和转矩模型有:Saffman 升力模型、Magnus 升力模型以及 Fluid-Induced Torque(流激诱导转矩)[1]。

4.1.2　流体微团运动分析

流体运动可通过拉格朗日法和欧拉法两种方法进行描述,拉格朗日法关注流体质点的位置随时间的变化情况,获得的结果为流体运动迹线,即流体质点位置随时间的变化;欧拉法关注空间点的速度、压力、密度等物理量在流体运动全局范围内的分布情况,以及这些分布随时间的变化情况,获得的结果是流体运动流线,流线上任一点的速度方向与同一时刻内的流线在该空间点的切线方向重合。迹线是同一质点在不同时刻形成的曲线,流线是同一时刻不同质点组成的曲线。流线上各点的切线方向和疏密程度分别表示流体运动速度方向和大小。对于非定常流体运动,流线和迹线不重合;定常流体运动,流线和迹线相重合。

采用欧拉法描述流体运动方程,可将流体运动全局分为若干空间单元,如图 4-2所示,假设空间单元内气体流体是均匀、无黏的理想流体。

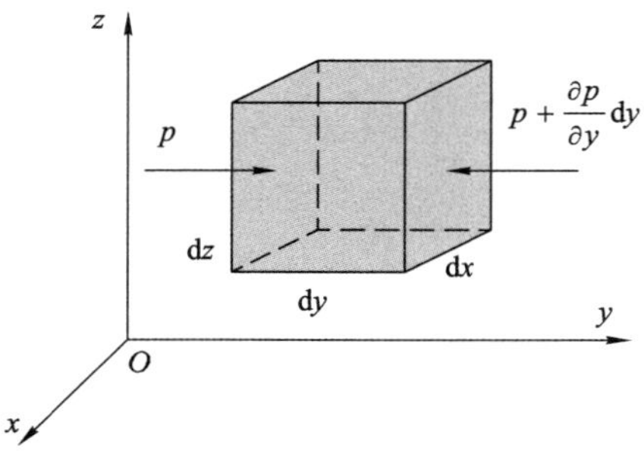

图 4-2　空间单元坐标系

根据图 4-2,空间单元内包含一流体微团,该流体微团为流体计算的最小单位,即认为该微团不可分割,内部运动状态一致;且流体微团运动时密度不发生变化,即认为流体为不可压缩流体。因此,流体微团的基本运动形式包括平移、旋转、线变形和角变形四种,如图 4-3 所示。

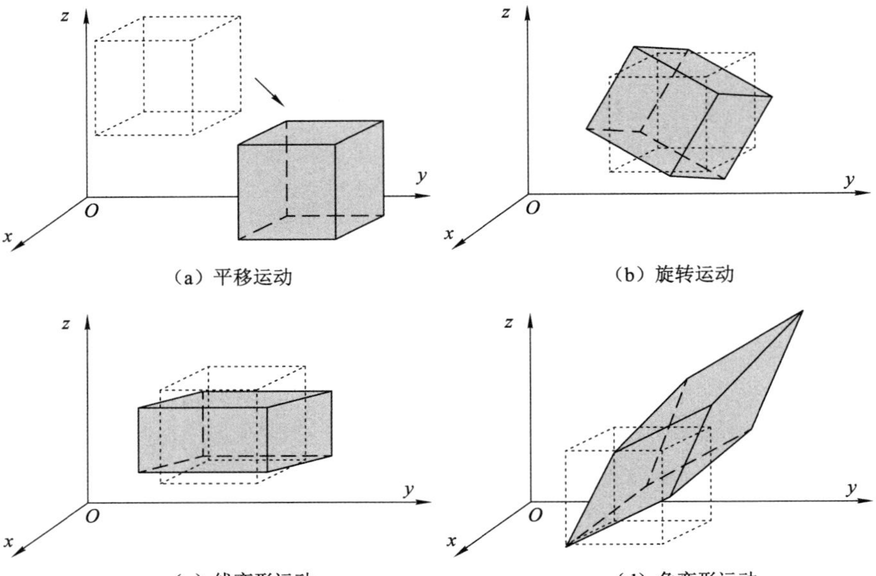

(a) 平移运动　(b) 旋转运动

(c) 线变形运动　(d) 角变形运动

图 4-3　流体微团运动形式

平移运动是指流体微团保持原有的形状和对角线方向,在空间坐标系内发生线位移运动,如图 4-3(a)图所示。由于流体微团内部运动状态一致,流体微团上各点的速度都相等。因此,流体微团做平移运动时的速度方程如式(4-1)所示。

$$\begin{cases} V_{Tx} = v_x \\ V_{Ty} = v_y \\ V_{Tz} = v_z \end{cases} \tag{4-1}$$

式中　V_{Tx}——流体微团平移运动时 x 方向的运动速度,m/s;

V_{Ty}——流体微团平移运动时 y 方向的运动速度,m/s;

V_{Tz}——流体微团平移运动时 z 方向的运动速度,m/s;

v_x——流体微团 x 方向的运动速度,m/s;

v_y——流体微团 y 方向的运动速度,m/s;

v_z——流体微团 z 方向的运动速度,m/s。

旋转运动是指流体微团在保持原形状的基础上,在空间坐标系内只发生对角线方向的偏移或旋转运动,如图 4-3(b)图所示。旋转运动的角速度如式(4-2)所示。

$$\begin{cases}\omega_x = \dfrac{1}{2}\left(\dfrac{\partial v_z}{\partial y} - \dfrac{\partial v_y}{\partial z}\right)\\ \omega_y = \dfrac{1}{2}\left(\dfrac{\partial v_x}{\partial z} - \dfrac{\partial v_z}{\partial x}\right)\\ \omega_z = \dfrac{1}{2}\left(\dfrac{\partial v_y}{\partial x} - \dfrac{\partial v_x}{\partial y}\right)\end{cases} \tag{4-2}$$

式中　ω_x——流体微团 x 方向的角速度，rad/s；

ω_y——流体微团 y 方向的角速度，rad/s；

ω_z——流体微团 z 方向的角速度，rad/s。

由旋转运动的角速度可得出流体微团做旋转运动时的速度方程，如式(4-3)所示。

$$\begin{cases}V_{Rx} = \omega_y\delta z - \omega_z\delta y\\ V_{Ry} = \omega_z\delta x - \omega_x\delta z\\ V_{Rz} = \omega_x\delta y - \omega_y\delta x\end{cases} \tag{4-3}$$

式中　V_{Rx}——流体微团旋转运动时 x 方向的运动速度，m/s；

V_{Ry}——流体微团旋转运动时 y 方向的运动速度，m/s；

V_{Rz}——流体微团旋转运动时 z 方向的运动速度，m/s。

线变形运动是指流体微团在空间坐标系内发生形状改变，但其各边之间的夹角不变，如图 4-3(c)图所示。线变形运动可用线变形率表示，线变形率表示单位时间内长度的改变与原长之比，也称为拉伸变形率，如式(4-4)所示。

$$\begin{cases}\varepsilon_x = \dfrac{\partial v_x}{\partial x}\\ \varepsilon_y = \dfrac{\partial v_y}{\partial y}\\ \varepsilon_z = \dfrac{\partial v_z}{\partial z}\end{cases} \tag{4-4}$$

式中　ε_x——流体微团 x 方向的拉伸变形率；

ε_y——流体微团 y 方向的拉伸变形率；

ε_z——流体微团 z 方向的拉伸变形率。

由线变形运动的拉伸变形率可得出流体微团做线变形运动时的速度方程，如式(4-5)所示。

$$\begin{cases}V_{Lx} = \varepsilon_x\delta x\\ V_{Ly} = \varepsilon_y\delta y\\ V_{Lz} = \varepsilon_z\delta z\end{cases} \tag{4-5}$$

式中　V_{Lx}——流体微团线变形运动时 x 方向的运动速度，m/s；

V_{Ly}——流体微团线变形运动时 y 方向的运动速度，m/s；

V_{Lz}——流体微团线变形运动时 z 方向的运动速度，m/s。

角变形运动是指流体微团在空间坐标系内只发生形状变化，各边间的夹角改变而流体微团的对角线未发生改变，如图 4-3(d)图所示。角变形运动可用角变形率表示，角变形率表示单位时间内夹角的平均变化，也称为剪切变形率，如式(4-6)所示。

$$\begin{cases} \gamma_x = \dfrac{1}{2}\left(\dfrac{\partial v_z}{\partial y} + \dfrac{\partial v_y}{\partial z}\right) \\ \gamma_y = \dfrac{1}{2}\left(\dfrac{\partial v_x}{\partial z} + \dfrac{\partial v_z}{\partial x}\right) \\ \gamma_z = \dfrac{1}{2}\left(\dfrac{\partial v_y}{\partial x} + \dfrac{\partial v_x}{\partial y}\right) \end{cases} \tag{4-6}$$

式中　γ_x——流体微团 x 方向的剪切变形率；

γ_y——流体微团 y 方向的剪切变形率；

γ_z——流体微团 z 方向的剪切变形率。

由角变形运动的剪切变形率可得出流体微团做角变形运动时的速度方程，如式(4-7)所示。

$$\begin{cases} V_{Ax} = \gamma_z \delta y + \gamma_y \delta z \\ V_{Ay} = \gamma_x \delta z + \gamma_z \delta x \\ V_{Az} = \gamma_y \delta x + \gamma_x \delta y \end{cases} \tag{4-7}$$

式中　V_{Ax}——流体微团角变形运动时 x 方向的运动速度，m/s；

V_{Ay}——流体微团角变形运动时 y 方向的运动速度，m/s；

V_{Az}——流体微团角变形运动时 z 方向的运动速度，m/s。

流体微团上某一点 $M(x,y,z)$ 某一时刻的 x、y、z 方向三个方向瞬时速度 V_x、V_y 和 V_z 的泰勒级数展开如式(4-8)所示，式中略去二阶以上的小量。

$$\begin{cases} V_x = v_x + \dfrac{\partial v_x}{\partial x}\delta x + \dfrac{\partial v_x}{\partial y}\delta y + \dfrac{\partial v_x}{\partial z}\delta z \\ V_y = v_y + \dfrac{\partial v_y}{\partial x}\delta x + \dfrac{\partial v_y}{\partial y}\delta y + \dfrac{\partial v_y}{\partial z}\delta z \\ V_z = v_z + \dfrac{\partial v_z}{\partial x}\delta x + \dfrac{\partial v_z}{\partial y}\delta y + \dfrac{\partial v_z}{\partial z}\delta z \end{cases} \tag{4-8}$$

对式(4-8)作添项处理，改为式(4-9)。

$$\begin{cases}V_x = v_x + \dfrac{\partial v_x}{\partial x}\delta x + \dfrac{1}{2}\left(\dfrac{\partial v_x}{\partial y} + \dfrac{\partial v_y}{\partial x}\right)\delta y + \dfrac{1}{2}\left(\dfrac{\partial v_z}{\partial x} + \dfrac{\partial v_x}{\partial z}\right)\delta z - \\ \quad \dfrac{1}{2}\left(\dfrac{\partial v_y}{\partial x} - \dfrac{\partial v_x}{\partial y}\right)\delta y + \dfrac{1}{2}\left(\dfrac{\partial v_x}{\partial z} - \dfrac{\partial v_z}{\partial x}\right)\delta z \\ V_y = v_y + \dfrac{\partial v_y}{\partial x}\delta x + \dfrac{1}{2}\left(\dfrac{\partial v_y}{\partial x} + \dfrac{\partial v_x}{\partial y}\right)\delta x + \dfrac{1}{2}\left(\dfrac{\partial v_z}{\partial y} + \dfrac{\partial v_y}{\partial z}\right)\delta z - \\ \quad \dfrac{1}{2}\left(\dfrac{\partial v_z}{\partial y} - \dfrac{\partial v_y}{\partial z}\right)\delta z + \dfrac{1}{2}\left(\dfrac{\partial v_y}{\partial x} - \dfrac{\partial v_x}{\partial y}\right)\delta x \\ V_z = v_z + \dfrac{\partial v_z}{\partial x}\delta x + \dfrac{1}{2}\left(\dfrac{\partial v_z}{\partial y} + \dfrac{\partial v_y}{\partial z}\right)\delta y + \dfrac{1}{2}\left(\dfrac{\partial v_z}{\partial x} + \dfrac{\partial v_x}{\partial z}\right)\delta x - \\ \quad \dfrac{1}{2}\left(\dfrac{\partial v_x}{\partial z} - \dfrac{\partial v_z}{\partial x}\right)\delta x + \dfrac{1}{2}\left(\dfrac{\partial v_z}{\partial y} - \dfrac{\partial v_y}{\partial z}\right)\delta y \end{cases} \tag{4-9}$$

将式(4-2)、式(4-4)和式(4-6)代入式(4-9)可得亥姆霍茨速度分解定理，如式(4-10)所示。

$$\begin{cases}V_x = v_x + [\varepsilon_x\delta x + (\gamma_z\delta y + \gamma_y\delta z) + (\omega_y\delta z - \omega_z\delta y)] \\ V_y = v_y + [\varepsilon_y\delta y + (\gamma_x\delta z + \gamma_z\delta x) + (\omega_z\delta x - \omega_x\delta z)] \\ V_z = v_z + [\varepsilon_z\delta z + (\gamma_y\delta x + \gamma_x\delta y) + (\omega_x\delta y - \omega_y\delta x)]\end{cases} \tag{4-10}$$

式(4-10)的矢量表示如式(4-11)所示。式中第一项为平移速度，第二项为变形(包括线变形和角变形)引起的速度增量，第三项为旋转引起的速度增量。

$$\boldsymbol{V} = \boldsymbol{v} + [\boldsymbol{\varepsilon}] \cdot \delta\boldsymbol{r} + \boldsymbol{\omega} \times \mathrm{d}\boldsymbol{r} \tag{4-11}$$

式中　$\boldsymbol{V}$——流体微团的速度矢量，m/s；

$\boldsymbol{v}$——流体微团的平移速度矢量，m/s；

$\boldsymbol{r}$——流体微团的坐标矢量，m；

$\boldsymbol{\omega}$——流体微团的旋转角速度矢量，rad/s；

$[\boldsymbol{\varepsilon}]$——流体微团的变形速度矩阵，如式(4-12)所示。

$$[\boldsymbol{\varepsilon}] = \begin{bmatrix}\varepsilon_x & \gamma_z & \gamma_y \\ \gamma_z & \varepsilon_y & \gamma_x \\ \gamma_y & \gamma_x & \varepsilon_z\end{bmatrix} \tag{4-12}$$

4.1.3　气相方程

在欧拉模型中，虽然气相为连续介质，但考虑固相对气相流场的影响，其守恒方程加入了气相体积分数项 ξ，以排除固相所占用的气体体积。气相和固相都遵守物理学三大守恒定律：质量守恒定律、动量守恒定律以及能量守恒定律。假设气力输送中气相和固相温度均与大气温度相同，且两相间无放热反应发生，可忽略气相和固相的能量方程。

(1) 气相连续性方程

根据质量守恒定律,可获得气相质量守恒方程,即气相连续性方程,如式(4-13)所示。

$$\frac{\partial \xi \rho}{\partial t} + \nabla \cdot \rho \varepsilon V_a = 0 \tag{4-13}$$

式中 ρ——气相密度,kg/m^3;

ξ——气相体积分数项;

t——时间,s;

V_a——气相速度分量,即为流体微团速度矢量的分量,m/s;

∇——哈密顿算子,如式(4-14)所示。

$$\nabla \equiv \frac{\partial}{\partial x}\boldsymbol{i} + \frac{\partial}{\partial y}\boldsymbol{j} + \frac{\partial}{\partial z}\boldsymbol{k} \tag{4-14}$$

式中 $\boldsymbol{i},\boldsymbol{j},\boldsymbol{k}$——质点沿 x、y、z 方向的单位矢量。

(2) 气相动量方程

由动量守恒定律可获得气相的动量方程,其与连续方程类似,添加了气相体积分数项 ξ,如式(4-15)所示。

$$\frac{\partial \xi \rho v}{\partial t} + \nabla \cdot \rho \xi \mu_a v = -\nabla \rho + \nabla(\xi \mu_a \nabla v) + \rho \xi g - S \tag{4-15}$$

式中 μ_a——空气动力黏度,Pa·s;

g——重力加速度,m/s^2;

S——动量汇,作用在流体单元内的流体阻力 F_d 的总和与流体微团体积比值,由式(4-16)计算而得。

$$S = \frac{\sum F_d}{V_{mf}} \tag{4-16}$$

式中 V_{mf}——流体微团体积,或者 CFD 网格单元的体积,m^3。

(3) 湍流传输方程

当流场雷诺数较高时,流场会出现湍流运动。湍流运动是一种三维非定常的随机运动,求解湍流运动的方程和模型有很多,但对于气力输送流场,流体计算工程上应用较广泛的为 k-ε 模型。Standard k-ε 模型(标准 k-ε 模型)被 Launder 和 Spalding[2] 提出后,又被改进为 RNG k-ε 模型[3] 和 Realizable k-ε 模型(带旋流修正的 k-ε 模型)[4]。Realizable k-ε 模型和 RNG k-ε 模型在强流线弯曲、漩涡和旋转均比 Standard k-ε 模型有更好的处理功能。Realizable k-ε 模型对于平板和圆柱射流的发散比率具有更精确预测的优势,且对于旋转流动、强逆压梯度的边界层流动、流动分离和二次流均具有较好的处理表现。因此,本节选用Realizable k-ε 模型,其传输方程如式(4-17)和式(4-18)所示。

$$\frac{\partial}{\partial t}(\rho k)+\frac{\partial}{\partial x_j}(\rho k v_j)=\frac{\partial}{\partial x_j}\left[\left(\mu_a+\frac{\mu_t}{\sigma_k}\right)\frac{\partial k}{\partial x_j}\right]+G_k+G_b-\rho\varepsilon-Y_M+S_k \tag{4-17}$$

$$\frac{\partial}{\partial t}(\rho\varepsilon)+\frac{\partial}{\partial x_j}(\rho\varepsilon v_j)=\frac{\partial}{\partial x_j}\left[\left(\mu_a+\frac{\mu_t}{\sigma_\varepsilon}\right)\frac{\partial\varepsilon}{\partial x_j}\right]+\rho C_1 S\varepsilon-\frac{\rho C_2\varepsilon^2}{k+\sqrt{v\varepsilon}}+\frac{C_{1\varepsilon}C_{3\varepsilon}G_b\varepsilon}{k}+S_\varepsilon \tag{4-18}$$

其中

$$C_1=\max\left[0.43,\frac{\eta}{\eta+5}\right]$$

$$\eta=\sqrt{2S_{ij}S_{ij}}\,\frac{k}{\varepsilon}$$

式中　v_j——流体 j 方向的速度，m/s；

μ_t——涡流黏度，Pa·s；

G_k——由平均速度梯度产生的湍流动能，J；

G_b——由浮力度产生的湍流动能，J；

Y_M——在全部耗散率可压缩湍流中的脉动膨胀的分量；

C_1，C_2，$C_{1\varepsilon}$，$C_{3\varepsilon}$——计算常量；

σ_k——湍流系数 k 的普朗特数，$\sigma_k=1.00$；

σ_ε——湍流系数 ε 的普朗特数，$\sigma_\varepsilon=1.20$；

S_k——湍流系数 k 的用户定义源；

S_ε——湍流系数 ε 的用户定义源；

S_{ij}——平均应变率张量；

η——有效因子。

4.1.4 固相方程

固相颗粒作为离散相，其运动规律服从牛顿第二定律。固相颗粒与气相空气间的互作用复杂，受流体阻力、Saffman 升力、Magnus 升力以及重力等影响，其基本运动方程如式(4-19)所示。

$$\begin{cases} m_p\dfrac{\mathrm{d}v_p}{\mathrm{d}t}+F_d+F_c+F'=0 \\ I_p\dfrac{\mathrm{d}\omega_p}{\mathrm{d}t}-\sum\limits_j r_p F_p=0 \end{cases} \tag{4-19}$$

式中　v_p——固相颗粒速度，m/s；

m_p——颗粒的质量，kg；

F_d——颗粒所受到的流体阻力，N；

F_c——颗粒所受到的接触力，可由颗粒接触模型获得，N；

F'——颗粒所受到的非接触力，如重力和浮力等，N；

I_p——颗粒的惯性矩，kg·m^2；

ω_p——固相颗粒的角速度分量，rad/s；

r_p——固相颗粒的半径，m；

F_p——固相颗粒 i 与颗粒 j（或墙壁）的接触力，N。

（1）流体阻力模型

流体作用在固相颗粒上的阻力来自流体表面力，由阻力系数确定，而阻力系数又与流体雷诺数相关。当颗粒与流体相对运动的雷诺数很小时，颗粒受到的流体阻力仅与流体黏性项相关，而雷诺数很大时，颗粒受到的流体阻力却仅与惯性项相关，许多学者通过试验建立了比较精确的计算流体阻力系数的关联式[5-7]，而一般较简单的雷诺数和阻力系数 c_D 的计算如式(4-20)和式(4-21)所示。

$$Re = \frac{\rho d_p \xi \mid \boldsymbol{v}_p - \boldsymbol{v}_a \mid}{\mu} \tag{4-20}$$

$$c_D = \begin{cases} \dfrac{24}{Re} & Re \leqslant 0.5 \\ \dfrac{24(1 + 0.15Re^{0.687})}{Re} & 0.5 < Re \leqslant 1\ 000 \\ 0.44 & Re > 1\ 000 \end{cases} \tag{4-21}$$

式中 Re——雷诺数；

d_p——颗粒的直径，m；

$\boldsymbol{v}_a$——气相流体速度矢量，m/s；

$\boldsymbol{v}_p$——固相颗粒速度矢量，m/s。

目前常用的阻力模型有三种：Freestream 阻力模型、Ergun and Wen & Yu 阻力模型以及 Di Felice 阻力模型，这三种模型都是根据试验得到的经验或半经验模型，Freestream 阻力模型对于颗粒数量少和接触碰撞率较低，且流域内速度梯度不大时的计算效果较好；Ergun and Wen & Yu 阻力模型对气体分数小于等于 0.8 的情况，流体阻力不随颗粒雷诺数的变化而变化，而气体分数大于 0.8 时，雷诺数才对该模型阻力产生作用；Di Felice 阻力模型和 Ergun and Wen & Yu 阻力模型的共同点是在单个颗粒阻力模型的基础上，引入了颗粒的体积分数来描述周围颗粒的影响，而 Ergun and Wen & Yu 阻力模型相对较为全面完整。因此，采用 Ergun and Wen & Yu 阻力模型计算颗粒受到的流体阻力 F_d，如式(4-22)所示[8]。

$$F_d = \frac{\pi}{6} d_p^3 \rho (\boldsymbol{v} - \boldsymbol{v}_p) \tag{4-22}$$

其中

$$\beta = \begin{cases} 150 \dfrac{\mu_a (1-\xi)^2}{\xi d_p^2} + 1.75 \dfrac{(1-\xi)\rho}{d_p} \mid \boldsymbol{v} - \boldsymbol{v}_p \mid & \xi < 0.8 \\ \dfrac{3}{4 d_p} c_D (1-\xi) \xi^{-1.65} \rho \mid \boldsymbol{v} - \boldsymbol{v}_p \mid & \xi \geqslant 0.8 \end{cases}$$

式中　β——相际动量交换系数，kg/(m³ · s)。

(2) Saffman 升力

Saffman 升力是由于流场中速度梯度产生的颗粒升力[9]，当颗粒处于高速流体中时，较高的速度梯度造成了颗粒表面压力差，进而产生压差升力，颗粒雷诺数较高情况下的 Saffman 升力 F_s 表达式为[10]：

$$F_s = 1.615 d_p \mu_a Re_s^{0.5} c_s \frac{(\boldsymbol{v} - \boldsymbol{v}_p) \times \boldsymbol{\omega}_a}{\mid \boldsymbol{\omega}_a \mid} \tag{4-23}$$

式中　$\boldsymbol{\omega}_a$—气相的旋转角速度矢量，rad/s；

Re_s——剪切流下的颗粒雷诺数，$Re_s = \rho d_p^2 |\boldsymbol{\omega}| / \mu$；

c_s——扩展升力与 Saffman 升力的比值，如式(4-24)所示。

$$c_s = \begin{cases} (1-0.3314\beta_s^{0.5}) e^{Re_p/10} + 0.3314\beta_s^{0.5} & Re_p \leqslant 40 \\ 0.0524(\beta Re_p)^{0.5} & Re_p > 40 \end{cases} \tag{4-24}$$

式中　β_s——Saffman 升力参数，$\beta_s = 0.5\, Re_s / Re_p$ 且 $0.005 < \beta_s < 0.4$。

(3) Magnus 升力

由于颗粒的旋转运动产生的升力称为 Magnus 升力，颗粒雷诺数较高情况下的 Magnus 升力 F_m 表达式为[11]：

$$F_m = \frac{1}{8} \pi d_p^3 \rho \frac{Re_p}{Re_r} c_m \left[\left(\frac{1}{2} \nabla \times \boldsymbol{v} - \boldsymbol{\omega}_p \right) \times (\boldsymbol{v} - \boldsymbol{v}_p) \right] \tag{4-25}$$

式中　$\boldsymbol{\omega}_p$——固相颗粒的旋转角速度矢量，rad/s；

Re_r——颗粒旋转雷诺数，$Re_s = \rho d_p^2 | 0.5 \nabla \times \boldsymbol{v} - \boldsymbol{\omega}_p | \mu_a$；

c_m——当 $Re_p < 2\,000$ 时的 Magnus 升力系数，如式(4-27)所示。

$$c_m = 0.45 \left(\frac{Re_r}{Re_p} - 0.45 \right) e^{-0.05684 Re_r^{0.4} Re_p^{0.3}} \tag{4-26}$$

(4) 流激诱导转矩

颗粒在流场中除了受到的升力作用外，颗粒自旋产生的流体剪切力在高速流场中也是不可忽视的，流体和颗粒在高雷诺数情况下由旋转运动产生的流激诱导转矩 T_r 表达式为[12]：

$$T_r = \frac{\rho}{2} \left(\frac{d_p}{2} \right)^5 c_r \left| \frac{1}{2} \nabla \times \boldsymbol{v} - \boldsymbol{\omega}_p \right| \left(\frac{1}{2} \nabla \times \boldsymbol{v} - \boldsymbol{\omega}_p \right) \tag{4-27}$$

其中

$$c_r = \begin{cases} \dfrac{64\pi}{Re_r} & Re_r \leqslant 32 \\ \dfrac{12.9}{Re_r^{0.5}} + \dfrac{128.4}{Re_r} & 32 < Re_r < 1\ 000 \end{cases}$$

式中 c_r——旋转系数。

4.2 垂直管道内颗粒悬浮速度理论推导

在气力输送系统中，气力输送管道分为垂直管道、水平管道和倾斜管道三种类型。在垂直管道内，颗粒处于悬浮或者匀速运动状态时的流场速度即为颗粒的悬浮速度[13]。通常情况下，为保证气力输送系统正常运行，输送管道中的流场速度应不小于所输送颗粒的悬浮速度[14]。设计气力输送系统时，无论是垂直输送，还是水平输送，颗粒的悬浮速度都具有较强实际意义。为此，本节进行不同粒径的煤矸颗粒在垂直管道中的悬浮试验，寻找适合的颗粒悬浮速度，为钻采法气力输送充填系统所需的气流速度提供参考数据。同时，观察颗粒在垂直管道内的运动状况，为颗粒悬浮仿真以及煤矸颗粒气力输送仿真提供试验依据。

4.2.1 球形颗粒悬浮速度

气力输送系统中，流场速度过低可导致管道堵塞，而流场速度过高，会增加输送压力损失和空气消耗，并加剧管道磨损和物料破碎。因此，为选择合理的流场速度，考虑管壁直径、颗粒形状对颗粒悬浮速度的影响，推导出不同粒径下煤矸颗粒悬浮速度公式，为煤矸颗粒悬浮试验提供理论指导。

假设煤矸颗粒为球形，在无限均匀的垂直流场内受力分析如图 4-4 所示。忽略颗粒本身运动产生的升力，颗粒仅受到重力、浮力以及流场阻力作用。当颗粒受到流动空气给予的动力与颗粒重力处于同一直线上，且浮力与空气动力之和等于颗粒重力时，颗粒处于悬浮状态，此时的气流速度即为颗粒悬浮速度。由此可知，颗粒悬浮速度与流体绕颗粒运动的阻力系数相关，而阻力系数是雷诺数的函数，雷诺数又与流场速度相关，所以计算颗粒悬浮速度较为复杂。

计算颗粒悬浮速度的方法有粒径法、CRe^2 法、图解法等[15-16]。粒径法计算过程简单明了，且计算结果与实际试验相差较小，因此本书采用粒径法推导煤矸颗粒悬浮速度。粒径法根据雷诺数的定义，推导出当量球体颗粒粒径与雷诺数的关系函数，再由阻力系数与雷诺数关系，得出不同雷诺数下的球体颗粒粒径表

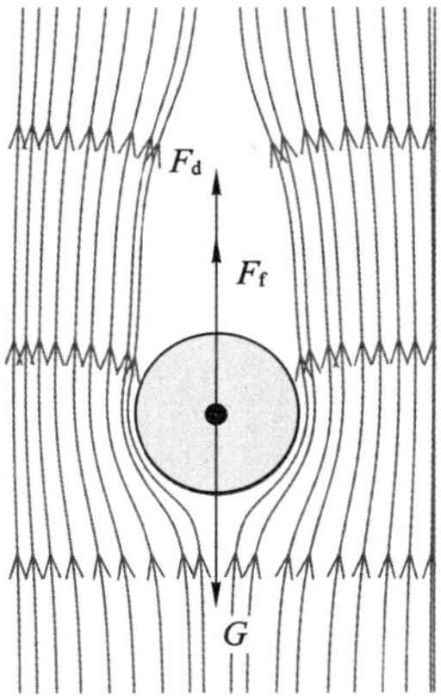

图 4-4　垂直流场中悬浮颗粒受力分析

达式。该表达式仅与颗粒密度、流体运动黏度、流体密度等相关，当颗粒粒径在某表达式范围内，即可用该式所对应的阻力系数计算出当量球体颗粒的悬浮速度，再考虑管道直径和颗粒不规则形状对悬浮速度的影响，对悬浮速度公式进行修正，获得不规则煤矸颗粒的管内悬浮速度表达式。

与煤矸颗粒粒径相同的当量球体在垂直管内呈悬浮状态时，如图 4-4 所示，当量球体的重力 G 等于空气浮力 F_f 与空气动力 F_d 之和。

$$G = F_f + F_d \tag{4-28}$$

式(4-28)中的空气动力为无限均匀流场中的流体阻力，由于煤炭颗粒的实体密度为 $\rho_p = 2\ 206\ \mathrm{kg/m^3}$，20 ℃相对湿度为 50%时的空气密度为 $\rho = 1.20\ \mathrm{kg/m^3}$，颗粒粒径大于 Geldart D(>5 mm)，空气浮力与颗粒重力比为 $F_f/G = \rho/\rho_p < 10^{-3}$，颗粒重力远大于颗粒受到的空气浮力，因此，可忽略空气浮力的影响，流体阻力直接等于颗粒重力。在无限均匀流场中，采用 Ergun and Wen &Yu 阻力模型[17]计算阻力系数较为麻烦，此处用 Free-stream 阻力模型表示，如式(4-29)表示。

$$F_d = \frac{\pi d_p^2 c_D \rho}{8}(\boldsymbol{v}_p - \boldsymbol{v})\left|\boldsymbol{v}_p - \boldsymbol{v}\right| \tag{4-29}$$

结合式(4-28)和式(4-29)，可获得无限均匀流场中颗粒悬浮时的空气流场速度，如式(4-30)所示。

$$v_0 = \sqrt{\frac{4d_p g \rho_p}{3c_D \rho}} \tag{4-30}$$

式中　v_0——颗粒静止时的流场速度，即颗粒悬浮速度，m/s。

从式(4-30)中可知，物料的悬浮速度 v_0 不仅与物料的密度 ρ_p、空气的密度

ρ、物料颗粒直径 d_p 有关，还与阻力系数 c_D 有关。颗粒悬浮时的阻力系数是雷诺数的函数，而雷诺数又与流场速度相关。阻力系数与雷诺数的关系如式(4-20)所示，据此可划分为三个区域：黏性摩擦阻力区、过渡区以及压差阻力区。

过渡区条件下，阻力系数与雷诺数的关系表达式较为复杂 $c_D=24(1+0.15Re^{0.687})/Re$，$0.5<Re\leqslant 1\ 000$，很难获得该区域下的悬浮速度表达式，一些学者常以 $c_D=10/\sqrt{Re}$ 表示阻力系数与雷诺数的关系[18-19]。如图 4-5 所示，当雷诺数较小时($0.5<Re\leqslant 5$)，$c_D=24/Re$ 与 $c_D=24(1+0.15Re^{0.687})/Re$ 的计算结果较为接近，但是随着雷诺数的增大($5<Re\leqslant 1\ 000$)，$c_D=10/\sqrt{Re}$ 与 $c_D=24(1+0.15Re^{0.687})/Re$ 的计算结果逐步接近。因此，为简化计算过程，划分为三个区域的雷诺数取值范围为：黏性摩擦阻力区($Re\leqslant 5$)、过渡区($5<Re\leqslant 1\ 000$)、压差阻力区($Re>1\ 000$)，并采用 $c_D=10/\sqrt{Re}$ 作为过渡区计算颗粒悬浮速度时的阻力系数与雷诺数的关系式。

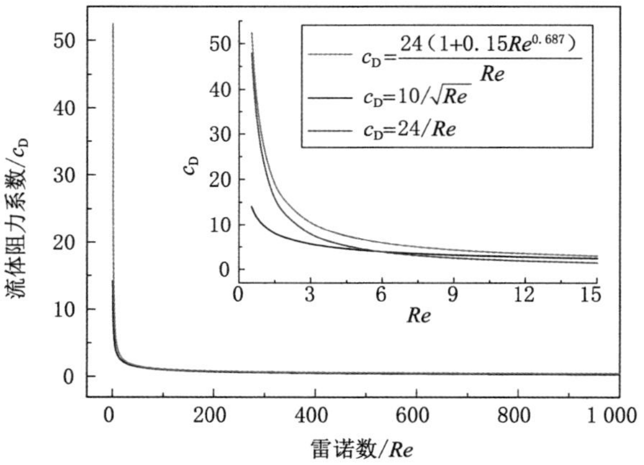

图 4-5　阻力系数在过渡区雷诺数范围内的变化趋势

(1) 黏性摩擦阻力区

黏性摩擦阻力区条件以及该条件下的粒径范围和颗粒悬浮速度表达式如式(4-31)～式(4-33)所示。式(4-32)表示黏性摩擦阻力区的粒径范围，当颗粒粒径满足该范围时，可用式(4-33)求得该情况下的颗粒悬浮速度。

$$Re\leqslant 5, c_D=\frac{24}{Re} \tag{4-31}$$

$$d_p\leqslant\sqrt[3]{\frac{18\mu^2}{5g\rho\rho_p}} \tag{4-32}$$

$$v_0 = \frac{d_p^2 g \rho_p}{18\mu} \tag{4-33}$$

(2) 过渡区

过渡区条件以及该条件下的粒径范围和颗粒悬浮速度表达式如式(4-34)～式(4-36)所示。式(4-35)表示过渡区的粒径范围，当颗粒粒径满足该范围时，可用式(4-36)求得该情况下的颗粒悬浮速度。

$$5 < Re \leqslant 1\,000, c_D = \frac{24(1 + 0.15Re^{0.687})}{Re} \tag{4-34}$$

$$\sqrt[3]{\frac{15\sqrt{5}\mu^2}{2g\rho\rho_p}} < d_p \leqslant \sqrt[3]{\frac{75\sqrt{10}\mu^2}{g\rho\rho_p}} \tag{4-35}$$

$$v_0 = d_p \sqrt[3]{\frac{4g^2\rho_p^2}{225\rho\mu}} \tag{4-36}$$

(3) 压差阻力区

压差阻力区条件以及该条件下的粒径范围和颗粒悬浮速度表达式如式(4-37)～式(4-39)所示。式(4-38)适用于压差阻力区的粒径范围，当颗粒粒径满足该范围时，可用式(4-39)求得该情况下的颗粒悬浮速度。

$$Re > 1\,000, c_D = 0.44 \tag{4-37}$$

$$d_p > \sqrt[3]{\frac{330\,000\mu^2}{g\rho\rho_p}} \tag{4-38}$$

$$v_0 = \sqrt{\frac{100 d_p g \rho_p}{33\rho}} \tag{4-39}$$

上述即为计算颗粒悬浮速度的粒径法，需要指出的是：从粒径范围表达式(4-32)、式(4-35)和式(4-38)可知，黏性阻力区、过渡区以及压差阻力区的分界点的粒径不相等，三者在粒径范围上有部分重叠和间断区域。这是由于阻力系数是一复杂曲线，若使三区在适用粒径上相连，则根据分界点处粒径相等的条件，反推对应的雷诺数。根据粒径法计算流程，重新分化黏性阻力区、过渡区以及压差阻力区，并对三者区域中粒径范围进行修正，如式(4-40)所示。

$$\begin{cases} d_p \leqslant 4.698\sqrt[3]{\dfrac{\mu^2}{g\rho\rho_p}} & v_0 = \dfrac{d_p^2 g\rho_p}{18\mu} & Re \leqslant 5.760 \\ 4.698\sqrt[3]{\dfrac{\mu^2}{g\rho\rho_p}} < d_p \leqslant 44.487\sqrt[3]{\dfrac{\mu^2}{g\rho\rho_p}} & v_0 = d_p\sqrt[3]{\dfrac{4g^2\rho_p^2}{225\rho\mu}} & 5.760 < Re \leqslant 516.529 \\ d_p > 44.487\sqrt[3]{\dfrac{\mu^2}{g\rho\rho_p}} & v_0 = \sqrt{\dfrac{100 d_p g\rho_p}{33\rho}} & Re > 516.529 \end{cases} \tag{4-40}$$

4.2.2 管壁直径对悬浮速度的影响校正

气力输送中输送管内的流场是有限的空间流场，颗粒在此流场中占据一定流通截面，空气因流通截面减小而流速加快，导致颗粒周围绕流速度增大。因此，在其他条件相同情况下，颗粒在管道中的悬浮速度小于在无限流场中的悬浮速度。管壁直径对悬浮速度的影响，用颗粒粒径 d_p 与输送管道内径 D 的比值表示。当 $d_p/D=0.25\sim0.60$ 时，管内颗粒悬浮速度为：

$$v_1=\left[1-\left(\frac{d_p}{D}\right)^n\right]v_0 \tag{4-41}$$

式中 n——管内颗粒悬浮指数，试验所得的值[20]，$n=2.4$。

当 $d_p/D>0.60$ 时，式(4-41)得出悬浮速度比试验结果偏高；当 $d_p/D<0.25$时，式(4-41)得出悬浮速度比试验结果稍低[21]。本书研究的气力输送物料粒径为 5～30 mm 的煤矸颗粒，第 3 章获得的 20～30 mm 颗粒的粒度表征值均值为 23.27 mm，为了防止输送管道堵塞，传统的气力输送管道内径选择一般不小于颗粒粒径的 3 倍，因此，本书气力输送管道选用 80 mm 内径的钢管。

4.2.3 颗粒形状对悬浮速度的影响校正

上述研究仅针对球体颗粒，但本书气力输送采用的是不规则形状的煤矸颗粒。因此，须将煤矸颗粒的不规则形状换算为当量圆球，并以当量圆球直径作为物料颗粒直径。由于不规则形状的物料颗粒阻力系数比球体颗粒阻力系数大，物料颗粒的形状对悬浮速度有较大的影响。相同条件下，球体颗粒悬浮速度大于不规则物料颗粒的悬浮速度。不规则形状物料颗粒的悬浮速度与当量圆球的悬浮速度之间的关系可用形状系数 K 表示。形状系数等于不规则形状物料颗粒的阻力系数与当量圆球的阻力系数之比，其悬浮速度关系如下：

$$v_2=\frac{v_1}{\sqrt{K}} \tag{4-42}$$

式中 v_2——不规则形状物料颗粒的悬浮速度，m/s；

v_1——当量圆球的悬浮速度，m/s；

K——阻力形状系数，对于不规则煤矸颗粒取 $K=2.27$[22]。

4.2.4 粒径法不规则颗粒管内悬浮速度

考虑管壁直径和颗粒形状对悬浮速度的影响，将式(4-41)和式(4-42)代入粒径法球体颗粒悬浮速度表达式中，得出基于粒径法的不规则颗粒管内悬浮速度表达式，如式(4-43)所示。

$$\begin{cases} 黏性阻力区 & v_2 = \left(d_p^2 - \dfrac{d_p^{n+2}}{D^n}\right)\dfrac{g\rho_p}{18\mu\sqrt{K}} & Re \leqslant 5.760 \\ 过渡区 & v_2 = \left(\dfrac{d_p}{\sqrt{K}} - \dfrac{d_p^{n+1}}{D^n\sqrt{K}}\right)\sqrt[3]{\dfrac{4g^2\rho_p^2}{225\rho\mu}} & 5.760 < Re \leqslant 516.529 \\ 压差阻力区 & v_2 = \left(1 - \dfrac{d_p^n}{D^n}\right)\sqrt{\dfrac{100d_p g\rho_p}{33\rho K}} & Re > 516.529 \end{cases} \tag{4-43}$$

根据式(4-43)的基于粒径法不规则颗粒管内悬浮速度表达式，将第 3 章获得的煤矸颗粒实体密度 $\rho_p = 2\ 206\ \text{kg/m}^3$、20 ℃、相对湿度为 50%时的空气密度 $\rho = 1.20\ \text{kg/m}^3$ 和运动黏度 $\mu = 1.857 \times 10^{-5}\ \text{m}^2/\text{s}$ 以及重力加速度 $g = 9.81\ \text{m/s}^2$ 代入式(4-40)，获得不同流体阻力区内的煤矸颗粒粒径范围，如式(4-44)所示。

$$\begin{cases} 黏性阻力区 & d_p \leqslant 0.111\ \text{mm} & Re \leqslant 5.760 \\ 过渡区 & 0.111\ \text{mm} < d_p \leqslant 1.054\ \text{mm} & 5.760 < Re \leqslant 516.529 \\ 压差阻力区 & d_p > 1.054\ \text{mm} & Re > 516.529 \end{cases} \tag{4-44}$$

球体颗粒和煤矸颗粒模型在内径 $D = 80$ mm 的输送管道中的悬浮速度随颗粒粒径变化趋势如图 4-6 所示。

由图 4-6 可知，随着颗粒粒径的变化，球体颗粒管内悬浮速度的变化趋势与煤矸颗粒模型相同；相同颗粒粒径下，球体颗粒管内悬浮速度大于煤矸颗粒模型，且随着颗粒粒径的增大，球体颗粒管内悬浮速度与煤矸颗粒模型的差值逐渐增大。在黏性阻力区内，$Re \leqslant 5.760$，$d_p \leqslant 0.111$ mm，球体颗粒与非球体颗粒的悬浮速度的增大速率随颗粒直径的增大而增大；在过渡区内，$5.760 < Re \leqslant 516.529$，$0.111\ \text{mm} < d_p \leqslant 1.054$ mm，球体颗粒与非球体颗粒的悬浮速度随颗粒直径的增大呈线性增大；在压差阻力区内，$Re > 516.529$，$d_p > 1.054$ mm，球体颗粒与非球体颗粒的悬浮速度的增大速率随颗粒直径的增大而减小。

由于钻采法气力输送充填系统的煤矸颗粒粒径为 5～30 mm，根据式(4-44)中不同流体阻力区内的煤矸颗粒粒径范围，本书研究的煤矸颗粒粒径均大于压差阻力区颗粒粒径范围，因此颗粒悬浮速度与颗粒粒径表达式如式(4-45)所示。

$$\begin{cases} 球形颗粒 & v_1 = \left(1 - \dfrac{d_p^n}{D^n}\right)\sqrt{\dfrac{100d_p g\rho_p}{33\rho}} \\ 煤矸颗粒 & v_2 = \left(1 - \dfrac{d_p^n}{D^n}\right)\sqrt{\dfrac{100d_p g\rho_p}{33\rho K}} \end{cases} \quad 5\ \text{mm} \leqslant d_p \leqslant 30\ \text{mm} \tag{4-45}$$

不规则煤矸颗粒和当量球体颗粒在内径 80 mm 的输送管道中的悬浮速度随颗粒粒径变化趋势如图 4-7 所示，相同粒径下球体颗粒的悬浮速度大于煤矸

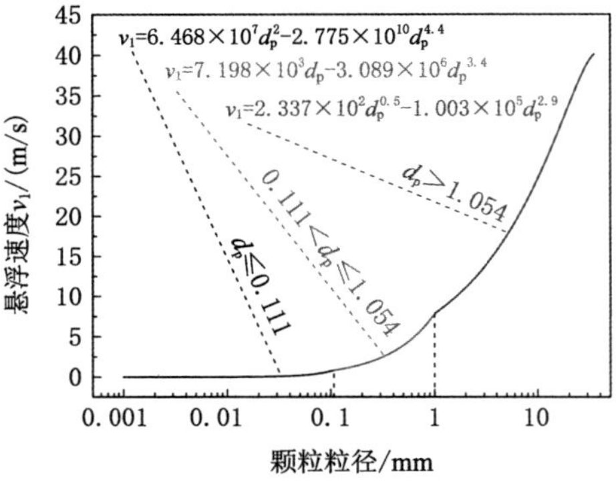

（a）球体颗粒管（D=80 mm）内悬浮速度

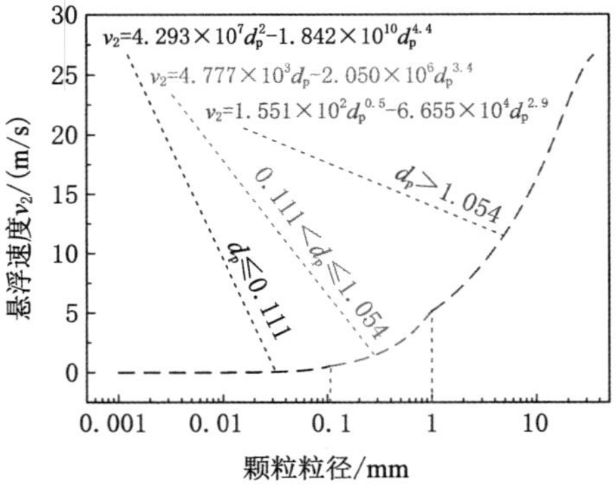

（b）不规则颗粒管（D=80 mm）内悬浮速度

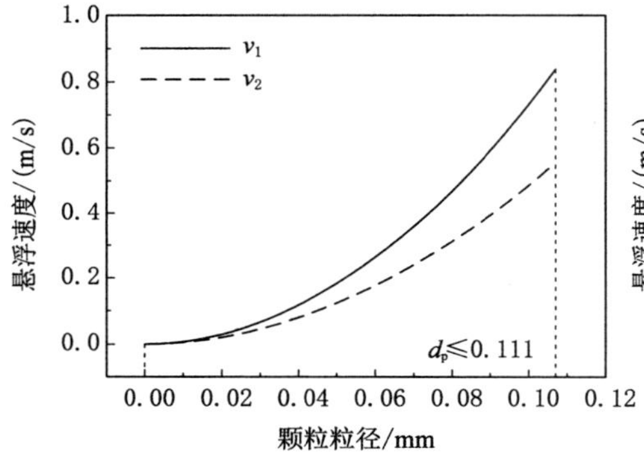

（c）d_p≤0.111 mm

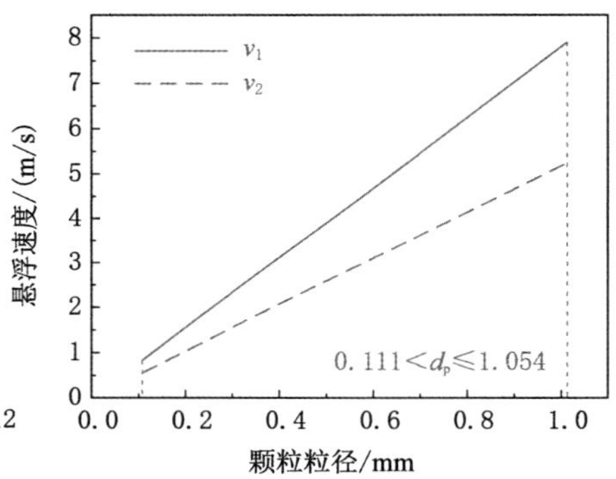

（d）0.111 mm<d_p≤1.054 mm

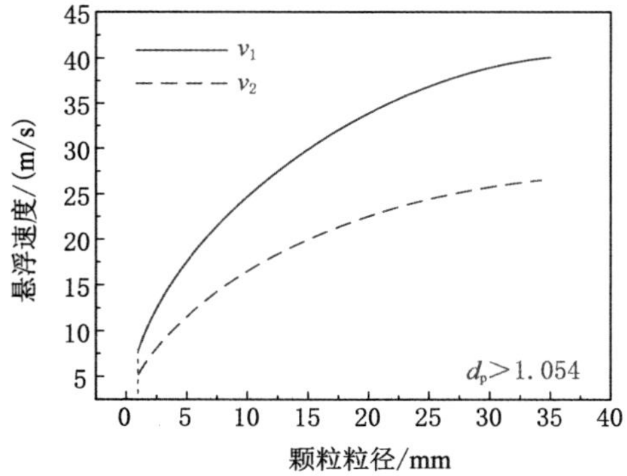

（e）d_p>1.054 mm

图 4-6　悬浮速度随颗粒粒径变化趋势(球体颗粒和煤矸颗粒模型)

颗粒速度。为了验证煤矸颗粒粒径变化与悬浮速度的关系，基于本书研究的煤矸颗粒粒径进行颗粒悬浮试验和仿真研究，为钻采法气力输送系统选择适合的流场速度提供理论及试验依据，并为煤矸颗粒与气力输送流场耦合仿真研究奠定仿真与试验基础。

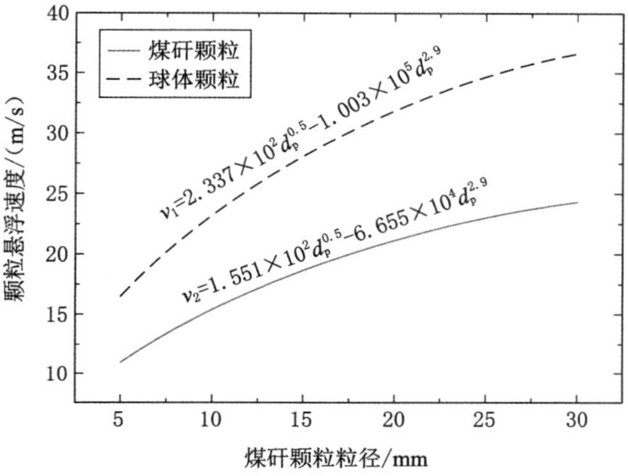

图 4-7　悬浮速度随颗粒粒径变化趋势(不规则煤矸颗粒和当量球体颗粒)

4.3　煤矸颗粒悬浮试验研究

4.3.1　试验设备与方案

为验证煤矸颗粒粒径与悬浮速度的关系，搭建颗粒悬浮实验台，如图 4-8 所示，颗粒悬浮实验台主要由流量测试系统和输送管组成。流量测试系统由稳流管、涡街流量计、直流电源和测试电脑等组成。为了保证涡街流量计测量的准确性，高压气流在进入涡街流量计之前先通过一定长度的直管，即试验中的稳流管，将气流稳定后再通过涡街流量计进行测量。涡街流量计可记录气流的流量、温度、压力等数据，由直流电源供电，通过转换接头与测试电脑相连。气流经过涡街流量计后再通过一段水平直管使流场稳定，并依此通过弯管和两段垂直透明管，两段透明管之间安装挡网。

试验前，将煤矸颗粒放置在挡网中，安装透明管后逐渐增加气流流量直至达到所需流量，同时采用高速摄像机记录煤矸颗粒在透明管内的运动情况。颗粒悬浮试验分为单颗粒悬浮试验和颗粒群悬浮试验，单颗粒悬浮试验的目的是为了验证理论计算的颗粒悬浮速度与颗粒粒径之间关系，以颗粒的短径尺寸作为

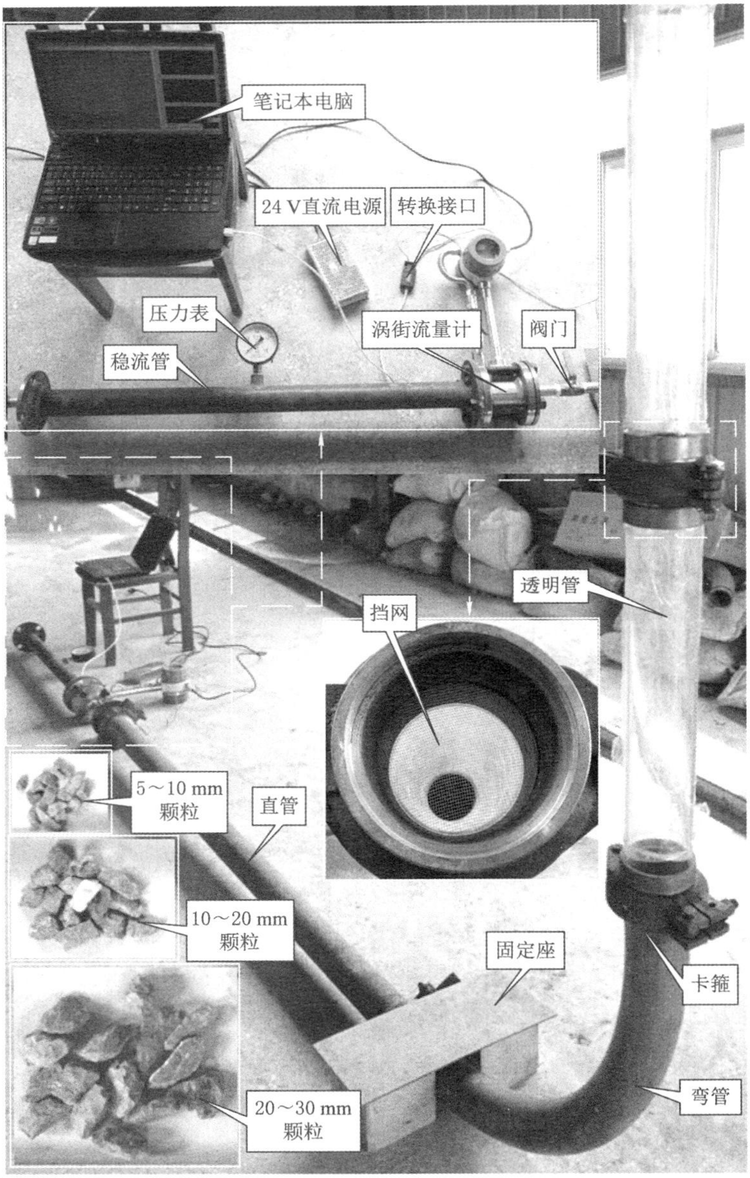
笔记本电脑
24 V直流电源
转换接口
压力表
涡街流量计
阀门
稳流管
透明管
挡网
5～10 mm
颗粒
直管
10～20 mm
颗粒
固定座
卡箍
20～30 mm
颗粒
弯管

图 4-8　颗粒悬浮实验台

颗粒粒径。从筛分后的三种颗粒粒径范围中各选取 15 个颗粒，如图 4-8 所示，测量记录颗粒的三轴径，并以颗粒的短径为颗粒粒度表征值。试验中，将单个颗粒放入两个透明管间的挡网内，开启流量计记录数据，并逐步增加管道内气流流量，直至透明管内的颗粒呈现悬浮或上下浮动状态，记录此时的流量计数据。

颗粒群悬浮试验以颗粒通过筛网尺寸为颗粒粒径，每组颗粒 15 个，当悬浮颗粒数超过颗粒数一半时，即认为该气流速度为煤矸颗粒群的悬浮速度。试验分别采用粒径为 5～10 mm、10～20 mm 和 20～30 mm 的煤矸颗粒，根据图 4-6 中的煤矸颗粒悬浮速度随颗粒粒径变化趋势，确定试验采用的管道气流速度为 8～23 m/s，并依据式(4-45)的计算结果和试测试验，最终确定颗粒悬浮的流场逗度为 8 m/s、13 m/s、18 m/s 和 23 m/s，所对应的管内流场标况流量(温度为 0 ℃、压强为 1 标准大气压下的气流流量)分别为 145 Nm^3/h、235 Nm^3/h、325 Nm^3/h 和 414 Nm^3/h，颗粒群悬浮试验方案如表 4-1 所列。

表 4-1　颗粒悬浮试验方案

试验编号	粒径/mm	流场流量/(Nm^3/h)	流场速度/(m/s)	试验编号	粒径/mm	流场流量/(Nm^3/h)	流场速度/(m/s)
1	5～10	145	8	7	10～20	325	18
2	5～10	235	13	8	10～20	414	23
3	5～10	325	18	9	20～30	145	8
4	5～10	414	23	10	20～30	235	13
5	10～20	145	8	11	20～30	325	18
6	10～20	235	13	12	20～30	414	23

4.3.2　单颗粒悬浮试验结果

在单颗粒悬浮试验中发现煤矸颗粒并非悬停在透明管某处，而是在透明管内上下浮动，如图 4-9 所示。

煤矸颗粒为不规则颗粒，其形心与重心一般不在同一位置。在气流流场中，煤矸颗粒的运动轨迹如图 4-10 所示，图 4-10(a)为不同时刻下煤矸颗粒位置与运动趋势，图 4-10(b)为 1 s 内煤矸颗粒运动轨迹。

由图 4-10 中可知，煤矸颗粒在管道内上下浮动，在相同时间间隔内运动位移各不相同，且煤矸颗粒在与管壁两次碰撞期间的运动轨迹并非一条直线，这表明煤矸颗粒的速度和方向随时间变化而变化。造成这一现象的原因是，煤炭颗粒形状不规则，其形心与重心一般不在同一位置，如图 4-11 所示，假设此时颗粒静止在流场中，颗粒受到的气流阻力 F_d 与自身重力 G_p 不在同一直线上，气流阻力与重力产生的转矩 I_p 使颗粒在流场内旋转。

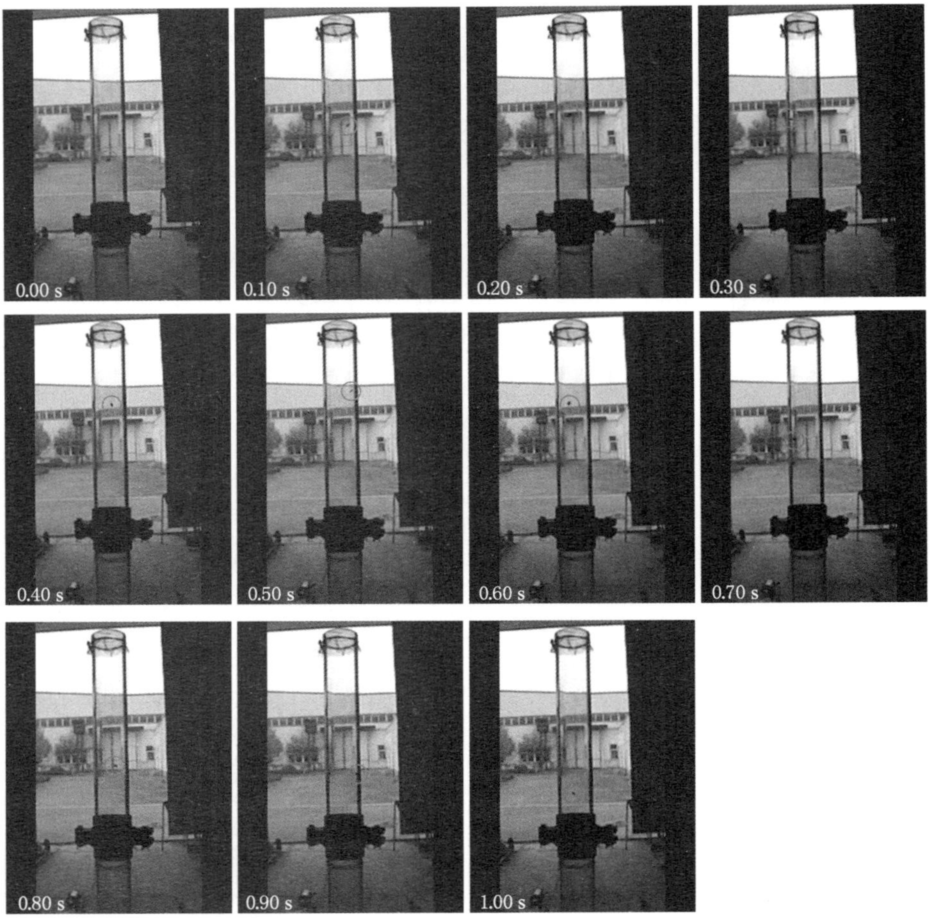

图 4-9 煤矸颗粒管内悬浮

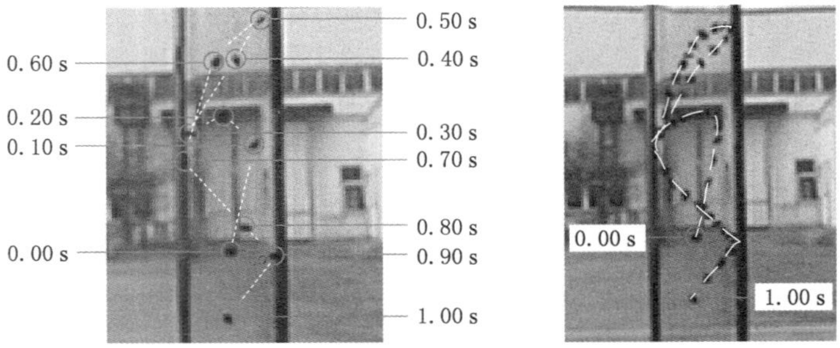

（a）不同时刻下颗粒运动趋势　　（b）颗粒运动轨迹

图 4-10 煤矸颗粒管内运动轨迹

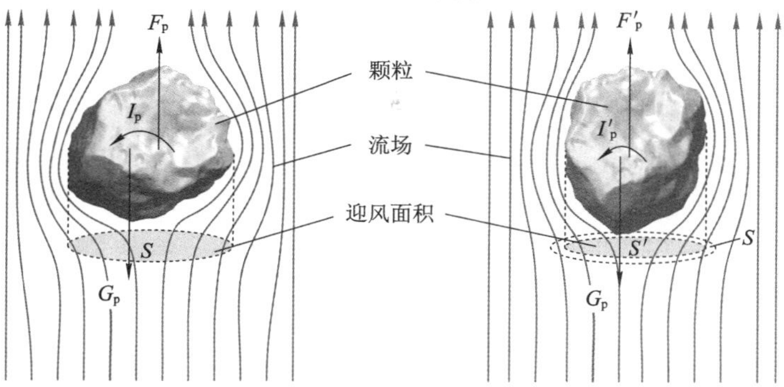

图 4-11　颗粒在流场中旋转过程

当颗粒旋转时，其迎风面积 S 减小为 S'，导致颗粒受到的流场阻力随之减小，此时流场阻力 F'_p 小于颗粒重力，流场无法支撑颗粒，颗粒下降；而新的转矩 I'_p 诱使颗粒继续旋转，颗粒的迎风面积继续变化，而新位置的颗粒迎风面积如果大于颗粒静止时的迎风面积 S，颗粒受到的流场阻力大于颗粒重力，颗粒上浮；同时，新的转矩继续使颗粒旋转，致使颗粒的迎风面积不断变化，因此颗粒在管道内上下浮动。本书认为如果颗粒仅在管道的一定范围内运动，并无沉底或者上升逃逸现象，此时的管内气流速度为该颗粒的悬浮速度。

单颗粒悬浮试验结果如图 4-12 所示，图中颗粒粒径为颗粒短径。流场速度为颗粒在透明管内上下浮动时，由流量计获得的流场瞬时流量计算而得。由图 4-12可知，由于煤矸颗粒外形不规则，试验获得的煤矸颗粒悬浮速度与颗粒粒径关系较为混乱，但总体上煤矸颗粒悬浮速度随着颗粒粒径的增大而增大。相比于理论计算获得的煤矸颗粒悬浮速度，相同颗粒粒径下，试验获得的煤矸颗粒悬浮速度小于理论计算值。当煤矸颗粒粒径较小时，试验获得的煤矸颗粒悬浮速度与理论计算值差距较大；随着颗粒粒径增大，试验颗粒悬浮速度逐渐靠近理论结果，当煤矸颗粒粒径较大时，煤矸颗粒悬浮速度的试验结果值与理论计算结果值接近。采用图 4-6 中的多项式拟合试验结果，拟合曲线相关度为 0.961 2，获得二次抛物线方程，相比于煤矸颗粒悬浮理论计算式，该拟合式与横坐标交点不为零，但与试验结果的相关度较高，可作为定性参考依据。

4.3.3　颗粒群悬浮试验结果

按照表 4-1 的试验方案进行 12 组颗粒群悬浮试验，煤矸颗粒群在透明管内的运动情况如图 4-13 所示。试验中当气流流量过大时，颗粒群全部位于透明管顶端，如试验 3、试验 4、试验 8 和试验 12 所示；而气流流量不足时，只有很少部

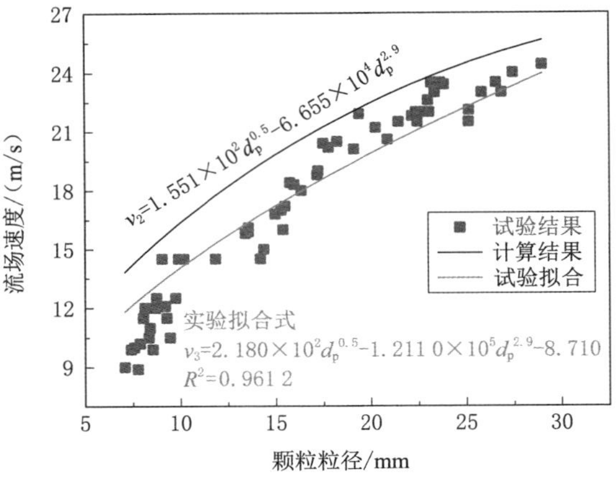

图 4-12 单颗粒悬浮试验结果

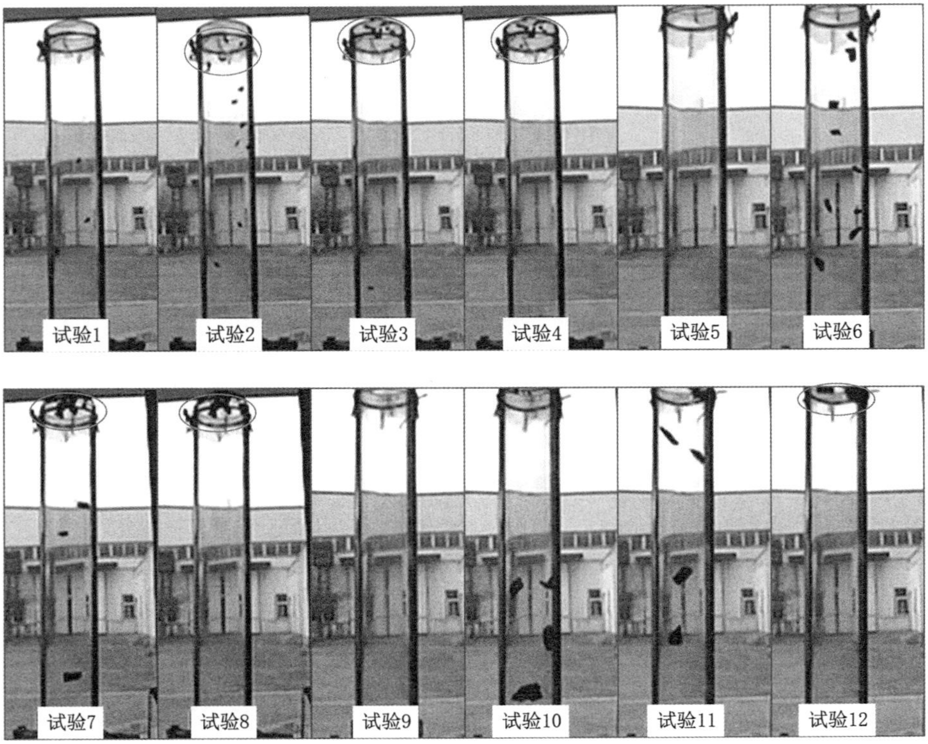

图 4-13 煤矸颗粒群管内运动情况

分颗粒悬浮或者没有颗粒悬浮，如试验 1、试验 5、试验 9 和试验 10 所示；当气流流量适合时，大部分颗粒在透明管内上下浮动，如试验 2、试验 6、试验 7 和试验 11 所示，颗粒群悬浮试验结果统计如表 4-2 所列。

表 4-2　颗粒群悬浮试验结果

试验编号	粒径/mm	流场速度/(m/s)	颗粒悬浮数/个	试验编号	粒径/mm	流场速度/(m/s)	颗粒悬浮数/个
1	5～10	8	3	7	10～20	18	13
2	5～10	13	12	8	10～20	23	15
3	5～10	18	15	9	20～30	8	0
4	5～10	23	15	10	20～30	13	5
5	10～20	8	0	11	20～30	18	13
6	10～20	13	9	12	20～30	23	15

根据图 4-13 和表 4-2，当流场速度为 8 m/s 时，除试验 1 中有 3 个颗粒在管道内浮动外，基本无其他煤矸颗粒悬浮；随着流场速度的增加，煤矸颗粒的悬浮数量增加，当流场速度为 13 m/s 时，5～10 mm 颗粒有 12 个悬浮，10～20 mm 颗粒有 9 个悬浮，均大于试验颗粒总数的一半；随着流场速度的进一步增大，当流场速度为 18 m/s 时，5～10 mm 颗粒全部悬浮且位于透明管顶端，10～20 mm 颗粒和 20～30 mm 颗粒的悬浮数都为 13，高于其试验颗粒总数的一半；当流场速度增加到最大时，三种颗粒全部位于透明管顶端。

对比单颗粒悬浮试验和颗粒群悬浮试验，在管道直径和颗粒粒径相同条件下，颗粒群试验中使颗粒悬浮或者上下浮动的流场速度低于单颗粒试验中的流场速度。这是由于管道内颗粒数量较多时，颗粒占据了流场部分空间，使流场内流体体积分数减少，造成流场局部速度增大，增大了流体阻力，从而在流体流量较小时能使颗粒悬浮。这与颗粒在管道中的悬浮速度小于无限流场中的悬浮速度原理相同。

4.4　垂直管道内颗粒悬浮仿真研究

为了验证流固耦合的可行性与可靠性，研究颗粒在垂直管道流场内的受力情况，根据单颗粒悬浮试验与颗粒群悬浮试验结果，基于三种煤矸颗粒模型及互作用系数，进行垂直管道内球体颗粒及煤矸颗粒悬浮仿真研究，为煤矸颗粒与输送流场耦合仿真研究提供仿真指导。

4.4.1 仿真模型及参数设置

根据颗粒悬浮实验台，在 EDEM 2.5 软件中采用第 3 章选用的颗粒接触模型、互作用系数以及颗粒模型，并与 Fluent 14.5 软件耦合建立垂直管道内颗粒悬浮仿真模型，垂直管道仿真模型如图 4-14 所示。依据试验的实际情况，设定仿真中垂直管道、颗粒及颗粒工厂的参数，如表 4-3 所列。

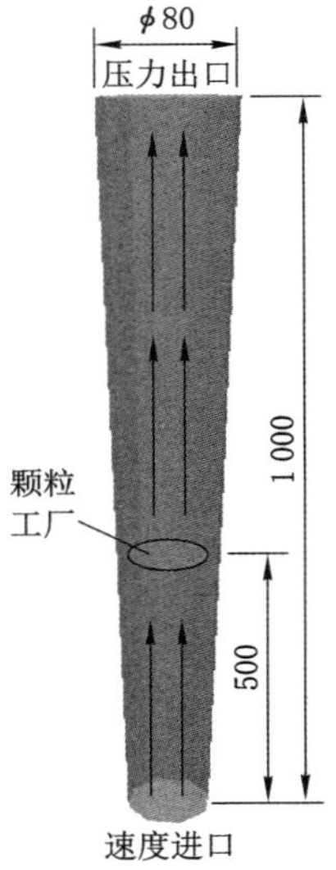

图 4-14 垂直管道模型

表 4-3 颗粒悬浮仿真参数

项目	参数	数值
颗粒	密度/(kg/m³)	2 206
	剪切模量/Pa	2.52×10^{10}
	泊松比	0.25
垂直管道	密度/(kg/m³)	7 850
	剪切模量/Pa	8.09×10^{10}
	泊松比	0.31

表 4-3(续)

项目	参数	数值
颗粒工厂	工厂类型	动态-总数量
	颗粒类型	球体模型
		六球三角形模型
		六球菱形模型
		八球长方形模型

如图 4-14 和表 4-4 所示，垂直管道模型参数采用 16Mn 结构钢参数，虽然试验中采用的透明管是有机玻璃材料，但试验中颗粒与管壁接触次数较少，因此暂不考虑管壁材料对颗粒悬浮运动的影响。仿真中分别采用球体模型、六球三角形模型、六球菱形模型以及八球长方形模型等四种颗粒模型进行单颗粒悬浮仿真和颗粒群悬浮仿真。

单颗粒悬浮仿真分为球体颗粒悬浮仿真和煤矸颗粒悬浮仿真两部分。球体颗粒悬浮仿真采用的物理参数和互作用参数与煤矸颗粒相同，从 4 mm 到 32 mm，每隔 2 mm 建立一个球体颗粒模型。煤矸颗粒悬浮采用第 3 章获得的三种煤矸颗粒模型，分为 5～10 mm、10～20 mm 以及 20～30 mm 三种粒径模型。单颗粒悬浮仿真中，先在颗粒工厂区域内生成颗粒，流体从管道下方的速度进口进入，采用 UDF 编译速度进口的流体速度，使其随时间的增加而逐步增大。

颗粒群悬浮仿真采用第 3 章获得的三种煤矸颗粒模型，对照煤矸颗粒群悬浮试验，采用 5～10 mm、10～20 mm 以及 20～30 mm 三种粒径，每组采用 15 个颗粒进行仿真研究，流场设置与单颗粒悬浮仿真相同。

4.4.2　球体颗粒悬浮仿真结果

采用 15 种不同粒径的球体颗粒进行悬浮仿真模拟，获得流场中颗粒受力随流场速度变化规律，如图 4-15 所示。

在图 4-15(a)中，横坐标为流场速度，纵坐标为颗粒在 x 方向和 y 方向的合力与颗粒重力的比值，即球体颗粒在水平方向合力与颗粒重力的比值；在图 4-15(b)中，横坐标为流场速度，纵坐标为颗粒在 z 方向合力与颗粒重力的比值，即球体颗粒在垂直方向合力与颗粒重力的比值。

球体颗粒在流场中受到的水平方向和垂直方向的力均随流场速度的增大而增大。水平方向上，较大粒径(≥22 mm)的球体颗粒所受到水平方向的作用力较显著，颗粒粒径较小(<22 mm)时，球体颗粒受到的水平方向作用力与重力比值小于 0.01，此时水平方向上受到的作用力不显著。垂直方向上，在流场速度

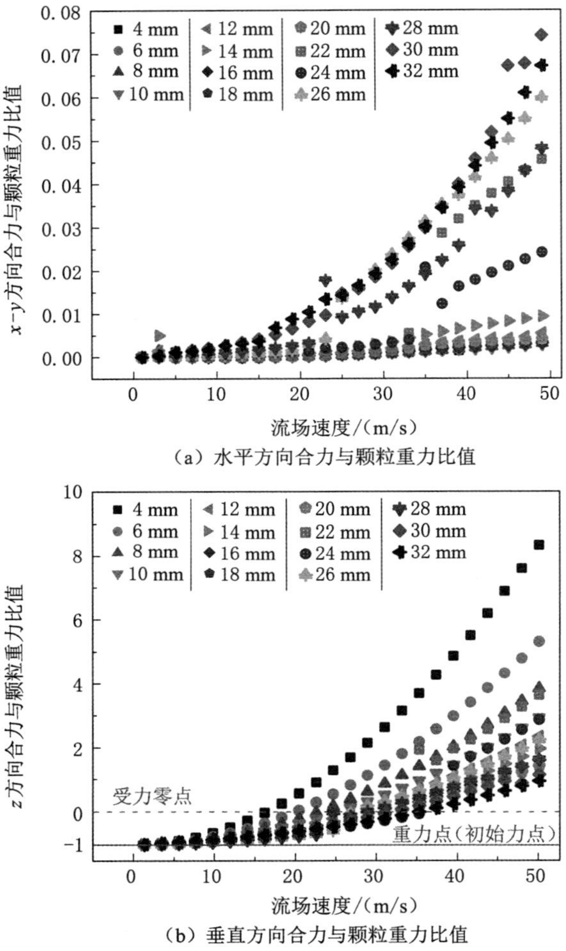

(a) 水平方向合力与颗粒重力比值

(b) 垂直方向合力与颗粒重力比值

图 4-15 球体颗粒受力随流场速度变化规律

一定的条件下,颗粒在垂直方向上的合力远大于水平方向上的合力。球体颗粒在垂直方向上受到的初作用力是颗粒重力,其方向为 z 轴负方向,如图 4-15(b)所示。垂直方向上合力与颗粒重力比值初始点为-1,随着流场速度的增大,颗粒受到垂直方向上合力先减小后逐渐增大。当垂直方向上合力为零时,颗粒在流场中受到的垂直方向上作用力等于颗粒本身重力,此时流场的速度即为颗粒悬浮速度,如图 4-16 所示,图中横坐标为颗粒粒径,纵坐标为球体颗粒悬浮速度。

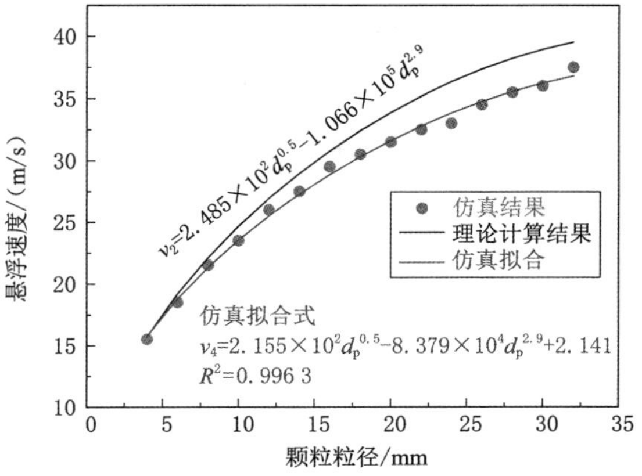

图 4-16　球体颗粒悬浮速度与颗粒粒径关系

从图 4-16 中可以看出，球体颗粒悬浮速度随着颗粒粒径的增大呈现增大趋势。对比理论计算与仿真结果，两者的变化趋势基本相同。当球体颗粒粒径较小时，仿真的悬浮速度基本与理论计算值相同；而随着球体粒径逐渐增大，仿真结果与理论计算差异逐渐增大，这是由于随着颗粒粒径增大，管壁对颗粒悬浮速度的影响逐渐显著，导致颗粒悬浮速度虽有增加但增速平缓。采用图 4-6 中的多项式拟合试验结果，拟合曲线相关度为 0.996 3，相比于球形颗粒悬浮理论计算式，该拟合式与横坐标交点不为零，但与仿真结果的相关度较高，可作为定性参考依据。

仿真结果与理论计算间的关系基本符合管壁直径对输送颗粒的影响规律，不同的是式(4-42)的适用范围为 $d_p/D=0.25\sim0.60$，这是由于仿真中流场入口为高斯入口，入口速度为高斯分布下的平均速度，且考虑管壁壁面效应，管道模型中存在边界层，因此仿真中的有效流场直径小于理论计算中管壁直径，导致仿真结果与理论计算变化趋势相同区域的粒径与管径比值的范围不同。

4.4.3　煤矸颗粒模型悬浮仿真结果

采用三种不同形态的煤矸颗粒模型进行悬浮仿真模拟，方案如表 4-4 所列，由于颗粒在管内的迎风面积随颗粒角度的不同而不同，每组仿真进行 5 次。

表 4-4 煤矸颗粒模型悬浮仿真方案

试验编号	宽径/mm	颗粒模型 1	试验编号	宽径/mm	颗粒模型 2	试验编号	宽径/mm	颗粒模型 3
1-1	5	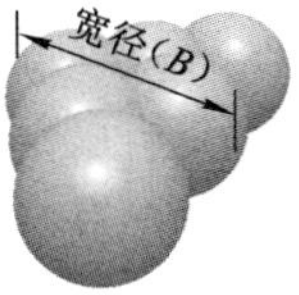	2-1	5	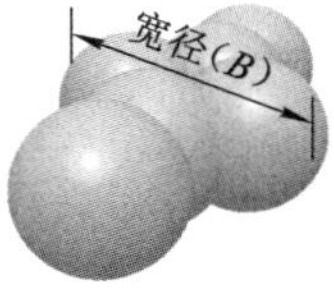	3-1	5	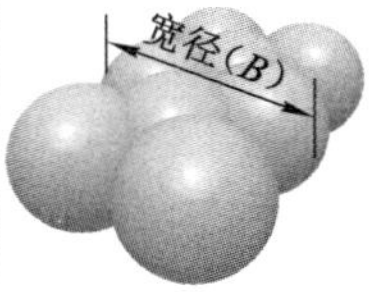
1-2	10		2-2	10		3-2	10	
1-3	15		2-3	15		3-3	15	
1-4	20		2-4	20		3-4	20	
1-5	25		2-5	25		3-5	25	
1-6	30		2-6	30		3-6	30	

根据仿真结果获得三组煤矸颗粒模型在流场中受力随流场速度变化规律，如图 4-17 所示，横坐标为流场速度，纵坐标为颗粒在 z 方向合力与颗粒重力的比值，即煤矸颗粒模型在垂直方向合力与颗粒重力的比值。煤矸颗粒模型受到的初作用力是颗粒重力，煤矸颗粒模型在流场中受到垂直方向的合力随流场速度的增大总体呈先减小后逐渐增大的趋势，但大粒径颗粒，在较大流场速度时，颗粒在垂直方向上的合力有较大幅度的变化，如试验 1-6、试验 2-5 和试验 3-6 的仿真结果。这表明颗粒在流场中出现转动或翻滚运动，颗粒粒径较大时，对流场影响较大，而较小颗粒对流场影响较小。颗粒模型 1 在流场速度为 25 m/s 时，管内流场瞬时动压如图 4-18 所示，其中管道直径为 80 mm。

图中管内流场动压最大值随颗粒粒径增大而增大，流场动压最小值随颗粒粒径增大而减小。在颗粒粒径较小时（d_p＝5 mm），颗粒对流场动压几乎无任何影响；随着颗粒粒径的增大，颗粒对流场动压的影响逐渐明显，尤其是当颗粒粒径 d_p＝20 mm、25mm、30 mm 时，颗粒基本上截断了中心流场，流场出现较大区域的绕流；而且从图中可以看出，上述情况下的颗粒左右受力不均，有旋转的趋势。以图 4-17 中的垂直方向上合力为零时的流场速度作为煤矸颗粒模型的悬浮速度，结果如图 4-19 所示。对三组颗粒的悬浮速度结果进行拟合，得出了三组拟合公式，这三组拟合曲线相关度分别为 0.990 5、0.979 4、0.968 0，曲线拟合性较高，与球体颗粒悬浮仿真结果相似的是，上述三组拟合式与横坐标交点均不为零；三组拟合公式之间的系数差异，以及与理论计算式的系数差异相均在相同数量级内，表明颗粒形状对颗粒悬浮速度有一定影响。

从图 4-19 中可以看出，当颗粒粒径较小时，五次仿真中颗粒的悬浮速度基本相同，而当颗粒粒径增大时，五次仿真中的颗粒悬浮速度差异逐渐增大，这表明随颗粒粒径增大，颗粒在流场中的迎风面积的变化对颗粒悬浮速度影响较大。

三组煤矸颗粒模型和当量球体的质量及管内迎风面积如图 4-20 所示。相

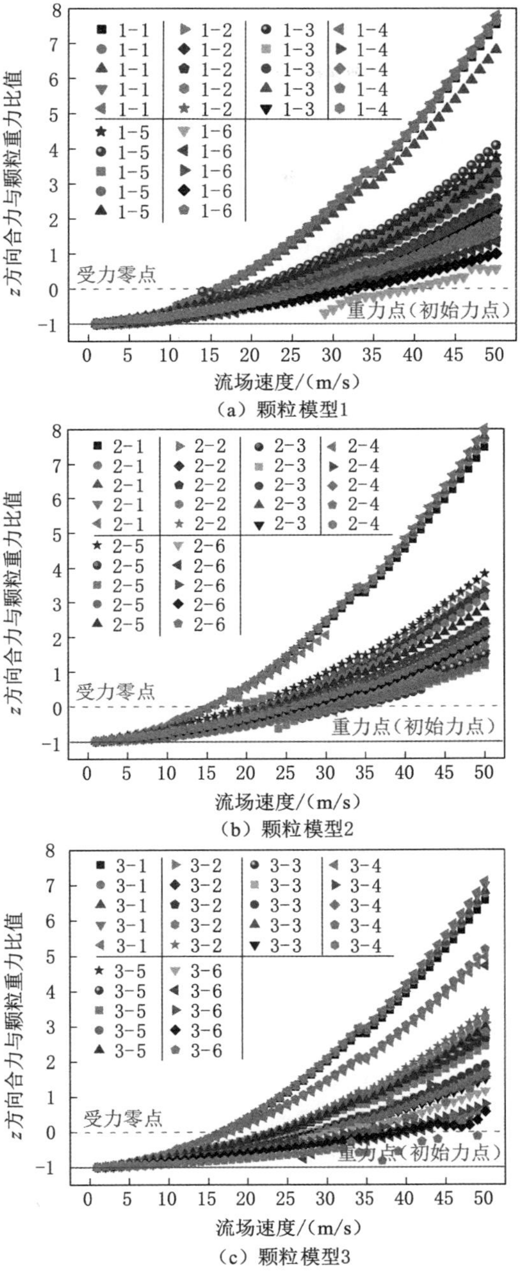

(a) 颗粒模型1

(b) 颗粒模型2

(c) 颗粒模型3

图 4-17　煤矸颗粒模型受力随流场速度变化规律

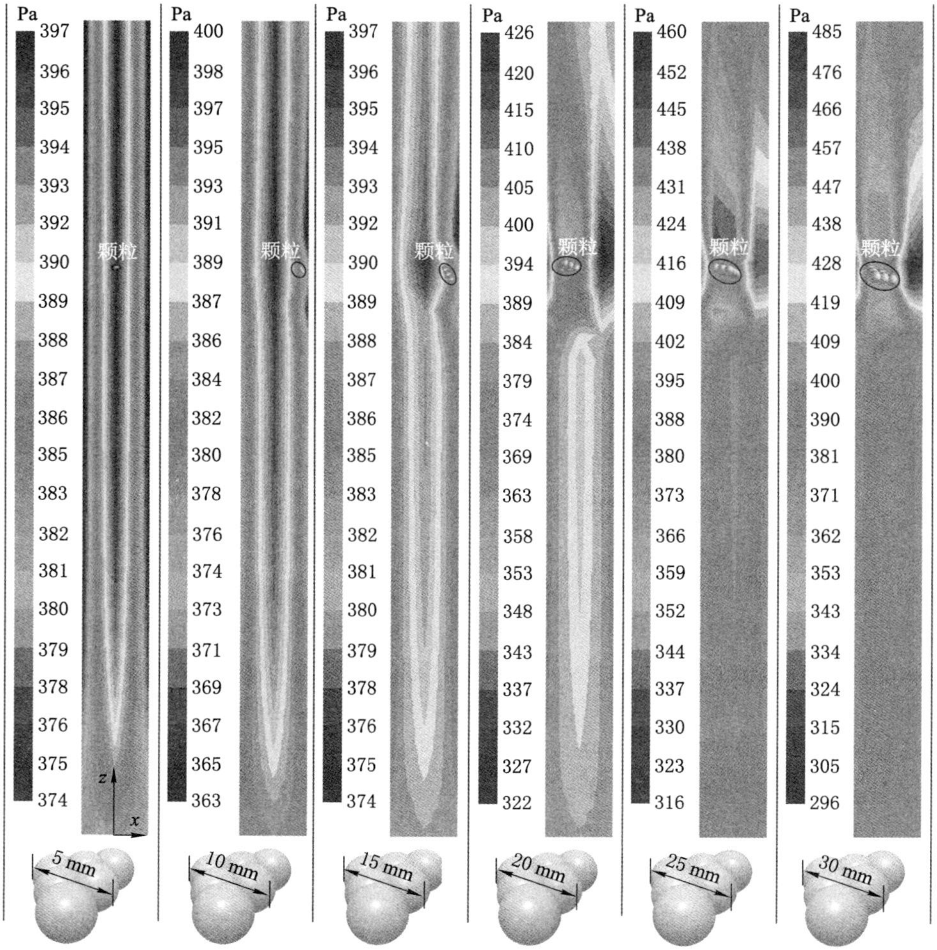

图 4-18　管内流场瞬时动压云图

同粒径下的当量球体质量均大于煤矸颗粒模型质量，三组煤矸颗粒模型的最小迎风面积相同且小于当量球体的迎风面积，而三组煤矸颗粒模型的最大迎风面积又大于当量球体的迎风面积；从颗粒质量来看，煤矸颗粒模型在管内悬浮时颗粒所受的流场阻力应小于当量球体。如图 4-20(b)所示，三组煤矸颗粒模型的迎风面积从最小值到最大值的变化区间较大，在管内流场作用下，颗粒发生旋转运动，其迎风面积随之变化，而且在仿真过程中发现了与试验相同的颗粒上下悬浮运动情况，表明仿真中颗粒悬浮运动情况与试验相匹配。

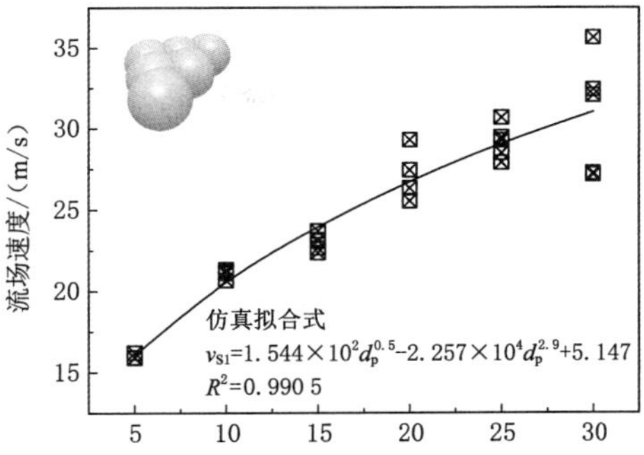

(a) 颗粒模型1

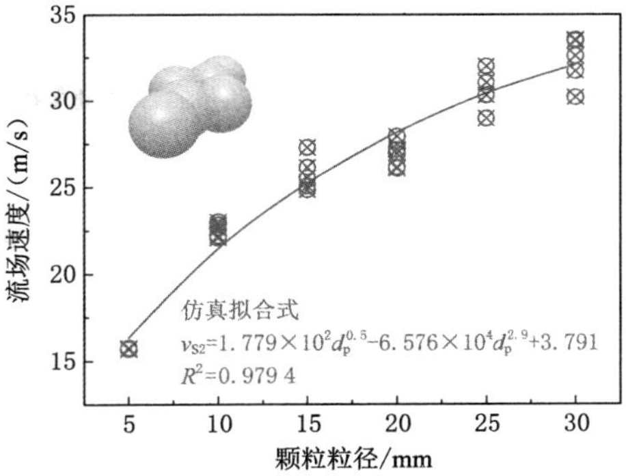

(b) 颗粒模型2

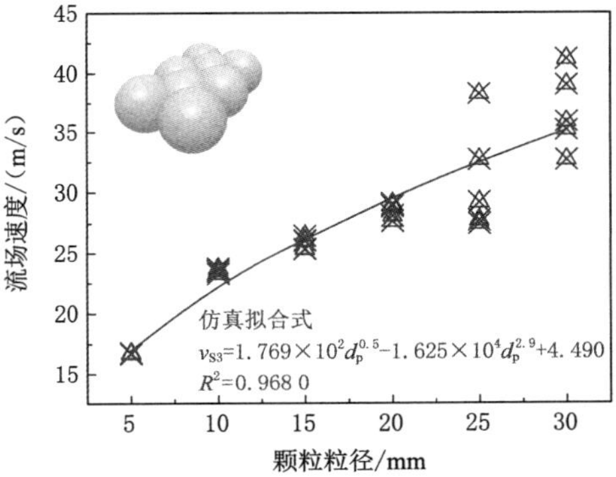

(c) 颗粒模型3

图 4-19　颗粒粒径与流场速度关系

球体颗粒的计算和仿真悬浮速度、煤矸颗粒模型的计算、仿真和试验悬浮速度的随颗粒粒径变化情况以及拟合公式如图 4-21 所示。相同粒径下，颗粒的试验悬浮速度最小，球体颗粒的计算悬浮速度最大，煤矸颗粒模型的仿真悬浮速度小于球形颗粒的仿真值，但大于煤矸颗粒模型的计算值。颗粒的试验悬浮速度与煤矸颗粒模型的计算悬浮速度差异较小，球体颗粒的计算悬浮速度与球体颗粒的仿真悬浮速度差异较小，而煤矸颗粒模型的仿真悬浮速度，较为接近球体颗粒的仿真悬浮速度。球体颗粒的仿真悬浮速度与球体颗粒计算悬浮速度符合管壁直径对输送颗粒的影响规律，但随着颗粒粒径的增大，仿真结果与理论计算值的差距也增大，这是由于仿真中流场入口为高斯入口，入口速度为高斯分布下的平均速度，且考虑管壁壁面效应，管道模型中存在边界层，因此仿真中的有效流场直径小于理论计算中管壁直径，导致仿真结果与理论计算变化趋势相同区域的粒径与管径比值范围不同。

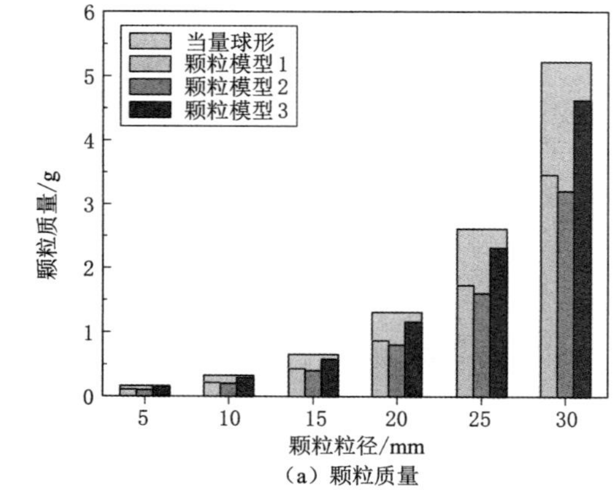

(a) 颗粒质量

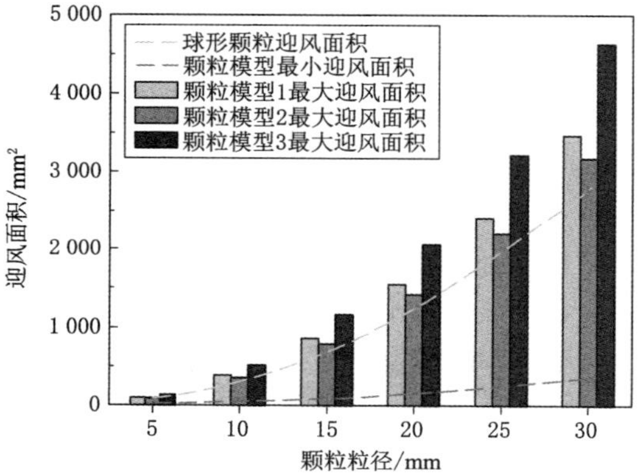

(b) 颗粒迎风面积

图 4-20 煤矸颗粒模型和当量球体的质量及管内迎风面积

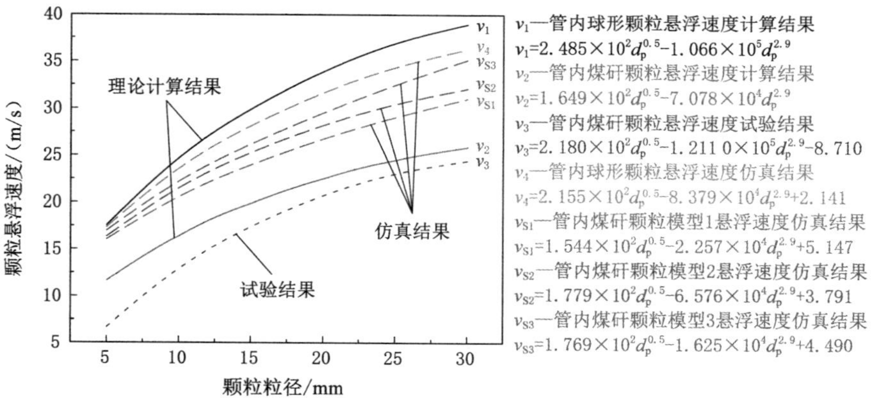

图 4-21 颗粒悬浮速度与颗粒粒径关系

颗粒的试验悬浮速度最小，可能是试验存在误差。由于试验中的涡街流量计安装位置与颗粒悬浮流场之间有一定距离，试验中管内空气流量随时间逐渐增大，颗粒悬浮流场中的流场速度是由管内空气流量计算而得，当颗粒上下浮动认为是悬浮状态时，此时涡街流量计的瞬时流量值可能会比颗粒悬浮流场中的数值滞后，因此导致试验中煤炭颗粒的悬浮速度较小。

但是两者颗粒旋转的原因不同，试验中颗粒旋转是颗粒形状及内部不均质导致流场阻力与颗粒重力不在同一直线上，而产生的旋转转矩，仿真中颗粒旋转是由于仿真流场存在压力梯度（如图 4-18 所示），使流场阻力与颗粒重力不在同一直线上，从而产生旋转转矩。在旋转过程中，颗粒的迎风面积随之变化，致使颗粒受到的流场阻力也随之变化，这种颗粒旋转运动可降低非球形大粒径颗粒的悬浮速度。

对比煤矸颗粒模型仿真悬浮速度和试验结果可知：相同粒径下煤矸颗粒模型仿真悬浮速度相差较小，这是由于煤矸颗粒模型内部均匀且外形对称，其形心和重心均在同一位置，相同粒径下的煤矸颗粒模型质量差距较小，使得三种颗粒模型的悬浮速度差异较小。通过试验和仿真结果可知，煤矸颗粒模型在垂直流场中发生旋转运动。煤矸颗粒模型在流场中可能受到不平衡力作用，产生旋转运动，在旋转过程中，颗粒的迎风面积随之变化，致使颗粒受到的流场阻力也随之变化，这种颗粒旋转运动可降低非球形大粒径颗粒的悬浮速度。煤矸颗粒模型仿真中出现与试验相同的颗粒悬浮运动情况，表明煤矸颗粒模型在仿真流场和试验流场中的运动情况相同。

煤矸颗粒模型的仿真悬浮速度更接近于球形颗粒的仿真及计算悬浮速度，这是由于计算和仿真中只考虑了颗粒的非球形特征，而未考虑颗粒表面粗糙度（平整度），颗粒表面粗糙度对颗粒悬浮影响不应忽略。相同粒径下，颗粒表面越粗糙，对流经颗粒表面的流场影响越大。可以认为，在一定条件下的垂直流场中，颗粒表面越粗糙，流场对颗粒的阻力越大，颗粒的悬浮速度越小。

4.4.4　煤矸颗粒群悬浮仿真结果

采用 9 种不同粒径和形态的煤矸颗粒模型进行颗粒群悬浮仿真模拟，如表 4-5所列，获得 9 种煤矸颗粒在流场中颗粒群受力均值随流场速度变化规律，如图 4-22所示。由图 4-22 可见，颗粒群在水平和垂直方向受到合力平均值与颗粒重力的比值随着流场速度的增大总体呈增大趋势。在流场速度一定条件下，颗粒群在水平方向合力平均值与重力比值随着颗粒粒径的增大而增大。

表 4-5　悬浮仿真煤矸颗粒模型

仿真试验编号	粒径范围/mm	短径/mm	模型
1	5～10	8.67	六球三角形模型
2	10～20	16.47	六球三角形模型
3	20～30	23.27	六球三角形模型
4	5～10	8.67	六球菱形模型
5	10～20	16.47	六球菱形模型
6	20～30	23.27	六球菱形模型
7	5～10	8.67	八球长方形模型
8	10～20	16.47	八球长方形模型
9	20～30	23.27	八球长方形模型

当颗粒粒径较小时，如图中 1 号、4 号和 7 号仿真，颗粒群受到的垂直方向合力平均值与重力比值随流场速度的变化趋势与图 4-17(b)中的变化趋势基本相同，而水平方向合力在流场速度高于 25 m/s 时发生波动，此时流场受到颗粒群的影响使颗粒在水平方向上的受力发生波动；随着颗粒粒径的增大，如图中 2 号、5 号和 8 号仿真，颗粒群在垂直方向上的合力均值虽然整体随流场速度增大而增大，但曲线有一定波动，在水平方向上的合力均值随流场速度波动程度较大，表明随着颗粒群粒径的增大，流场受到颗粒的影响也增大；根据图中 3 号、6 号和 9 号仿真结果，随着颗粒粒径的再次增大，颗粒群在水平和垂直方向上的合力均值随流场速度的变化波动幅度进一步增大。

通过分析颗粒群悬浮仿真中颗粒在垂直方向上的受力情况，发现颗粒在多个流场速度下均出现垂直方向受力为零，相对应在颗粒群悬浮仿真模拟过程中发现，当流场速度达到某一值时，流场内的部分颗粒先以大群体方式悬浮；当流场速度增大时，悬浮的大群体颗粒被冲散，产生小群体颗粒悬浮；而当流场速度进一步增大时，小群体颗粒也被冲散，最终类似单颗粒悬浮，这种现象导致相同颗粒的悬浮速度有一定差异，本书将此种颗粒群体悬浮的现象称为颗粒的“群居”悬浮现象。ID＝6 的颗粒在垂直方向受合力与流场速度关系以及两次零点时的管内颗粒运动情况如图 4-23 所示，在某一流场速度下，垂直管道内“群居”在同一水平面的颗粒使附近的流场速度局部增大以满足其悬浮需求。

“群居”悬浮现象在粒径较大的颗粒群中尤为明显，在颗粒群试验中也有类似现象发生，如图 4-13 中的试验 6、试验 10 和试验 11 所示，但由于试验中流场变化较快，颗粒的“群居”悬浮现象只是“昙花一现”，难以发现其中规律。在颗粒群仿真中，流场速度变化缓慢且平稳，使该现象较为明显。颗粒“群居”悬浮现象

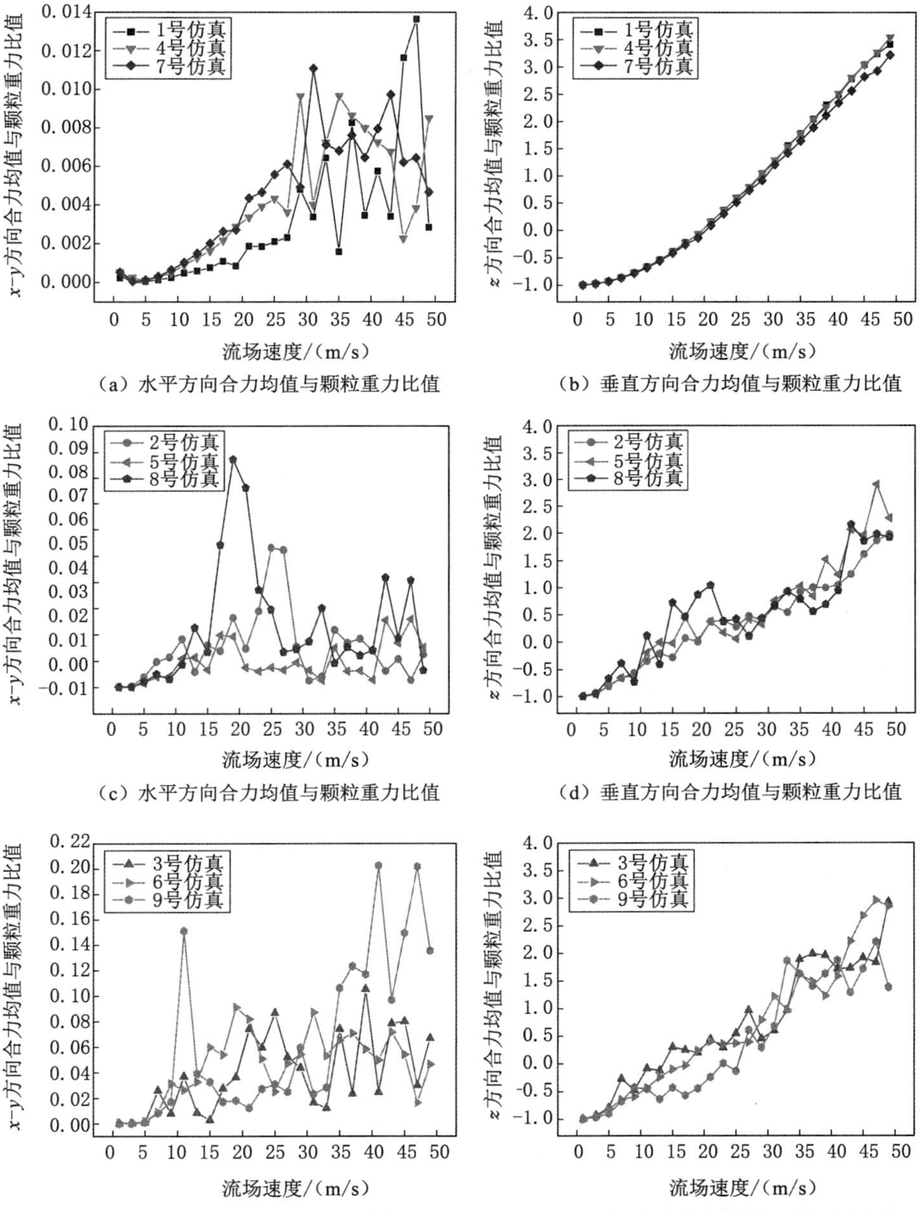

(a) 水平方向合力均值与颗粒重力比值

(b) 垂直方向合力均值与颗粒重力比值

(c) 水平方向合力均值与颗粒重力比值

(d) 垂直方向合力均值与颗粒重力比值

(e) 水平方向合力均值与颗粒重力比值

(f) 垂直方向合力均值与颗粒重力比值

图 4-22　煤矸颗粒群受力均值随流场速度变化规律

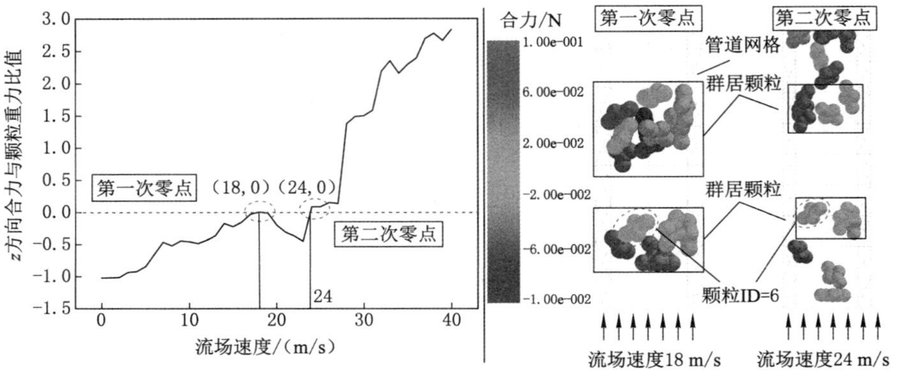

图 4-23　颗粒群居悬浮

可在较低的流场速度下垂直输送粒径较大的颗粒，从而降低气力输送能耗和空气消耗量。本书取颗粒在垂直方向上合力初次为零时的流场速度作为颗粒群悬浮速度，如图 4-24 所示。

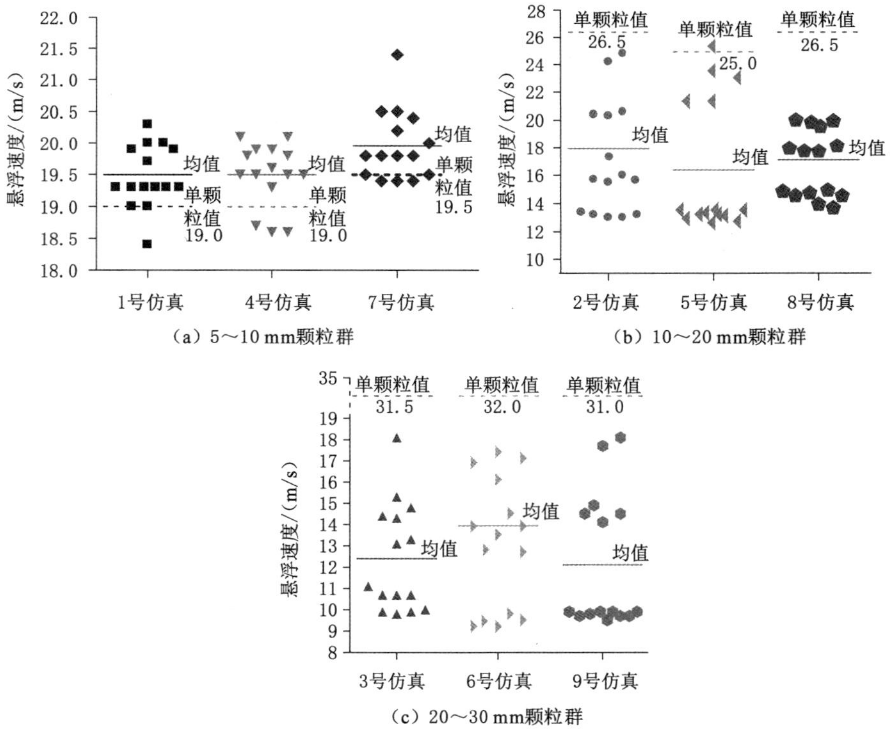

图 4-24　煤矸颗粒群悬浮速度

由图 4-24 可见，随着颗粒粒径的增大，颗粒群的平均悬浮速度逐渐降低；在颗粒粒径较大情况下，“群居”的颗粒越多，颗粒初次悬浮速度越小。图 4-24(a)中煤矸颗粒群的平均悬浮速度略高于单颗粒情况下的悬浮速度，而图 4-24(b)和图 4-24(c)中的煤矸颗粒群平均悬浮速度都小于单颗粒的悬浮速度。这表明煤矸颗粒粒径较小时，颗粒间隙较大，颗粒群对流场影响较小；而当煤矸颗粒粒径增大时，“群居”的颗粒占用流场空间较大，导致局部流场流速增大，从而使颗粒群可以在流场速度较低的情况下产生悬浮，颗粒粒径大小对流场的作用亦可以从图 4-22 颗粒受流场作用力中体现。

在考虑颗粒“群居”现象的情况下，对比颗粒群悬浮仿真和试验结果，如图 4-25 所示。

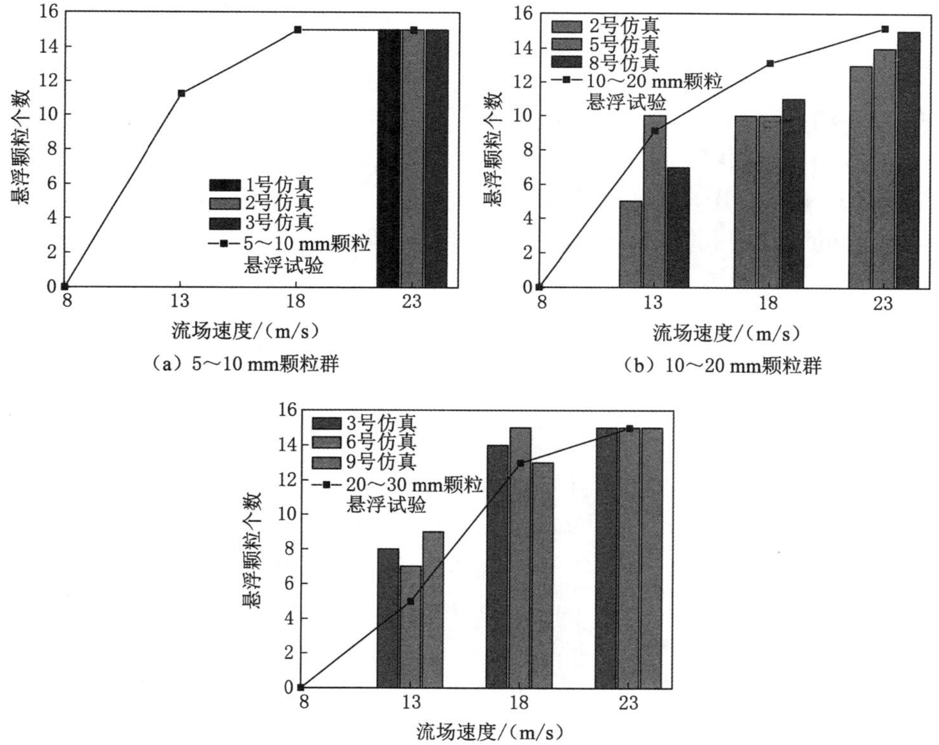

(a) 5～10 mm颗粒群

(b) 10～20 mm颗粒群

(c) 20～30 mm颗粒群

图 4-25　颗粒群悬浮仿真和试验结果对比

如图 4-25(a)所示，当颗粒群粒径为 5～10 mm 时，三种煤矸颗粒模型在流场速度为 13 m/s 和 18 m/s 时均无颗粒悬浮，而试验中却有部分颗粒发生悬浮，且当流场速度为 18 m/s 时，试验中全部颗粒都发生悬浮，而仿真中颗粒群的悬浮速度都大于 18.5 m/s。对比单颗粒悬浮仿真和试验结果可得出：5～10 mm 煤矸颗粒的单颗粒及颗粒群悬浮仿真获得悬浮速度均大于试验结果，这可能是由于仿真中颗粒表面较为光滑，颗粒表面与附近流场互作用区域较小，而实际的颗粒表面较为粗糙，导致颗粒表面与附近流场互作用区域较大，从而使实际颗粒受到更多的流场作用力。如图 4-25(b)和图 4-25(c)所示，当颗粒群粒径为 10～20 mm 时，大部分仿真结果略小于试验结果，而当颗粒群粒径为 20～30 mm 时，由于颗粒“群居”悬浮现象，使部分仿真结果略大于试验结果，但颗粒群仿真与试验结果基本吻合。

参考文献

[1] 胡国明. 颗粒系统的离散元素法分析仿真：离散元素法的工业应用与 EDEM 软件简介[M]. 武汉：武汉理工大学出版社，2010.

[2] LAUNDER B E, SPALDING D B. Lectures in mathematical models of turbulence[M]. London: Academic Press, 1972.

[3] PENG D Y, ROBINSON D B. A new two-constant equation of state[J]. Industrial and engineering chemistry fundamentals, 1976, 15(1): 59-64.

[4] SHIH T H, LIOU W W, SHABBIR A, et al. A new k-epsilon eddy viscosity model for high Reynolds number turbulent flows: model development and validation[J]. Computers and fluids, 1995, 24(3): 227-238.

[5] SARTON G. On the theories of the internal friction of fluids in motion[J]. Arid land research and management, 2004, 2: 153-169.

[6] STOKES G G. On the effect of the internal friction of fluids on the motion of pendulums[M]//Mathematical and physical papers. Cambridge: Cambridge University Press, 2009.

[7] CHEREMISINOFF N P. Encyclopedia of fluid mechanics[M]. Houston: Gulf Pub. Co., Book Division, 1986.

[8] 殷亮，蒋军成. A 类颗粒流化床特性的 DEM-CFD 模拟[J]. 化学反应工程与工艺，2010，26(5)：411-417.

[9] SAFFMAN P G. The lift on a small sphere in a slow shear flow[J]. Journal of fluid mechanics, 1965, 22(2): 385-400.

[10] MEI R. An approximate expression for the shear lift force on a spherical

particle at finite reynolds number[J]. International journal of multiphase flow,1992,18(1):145-147.

[11] OESTERLÉ B,DINH T B. Experiments on the lift of a spinning sphere in a range of intermediate Reynolds numbers[J]. Experiments in fluids, 1998,25(1):16-22.

[12] RUBINOW S I,KELLER J B. The transverse force on a spinning sphere moving in a viscous fluid[J]. Journal of fluid mechanics,1961,11(3):447-459.

[13] 程克勤,陈宏勋. 气力输送装置[M]. 北京:机械工业出版社,1993.

[14] 上海海运学院起重运输机械教研组气力运输小组. 气力输送中悬浮速度的理论与实践[J]. 化学工程,1977(6):1-18.

[15] 黄标. 气力输送[M]. 上海:上海科学技术出版社,1984.

[16] 余洲生. 气力输送及其应用[M]. 北京:人民交通出版社,1989.

[17] VAN DRIEST E R,BLUMER C B. Boundary layer transition:freestream turbulence and pressure gradient effects[J]. AIAA journal,1963,1(6):1303-1306.

[18] WANG F J,CHEN S M,LEI P K,et al. Effects of pressure drop and superficial velocity on the bubbling fluidized bed incinerator[J]. Journal of environmental science and health(Part A),2007,42(14):2147-2158.

[19] DING J M,GIDASPOW D. A bubbling fluidization model using kinetic theory of granular flow[J]. AIChE journal,1990,36(4):523-538.

[20] 林江,林建忠,楼建勇,等. 气力输送系统中初始气固速度比对固粒输送速度的影响[J]. 煤矿机械,2003,24(8):35-37.

[21] 杨保. 气流中颗粒阻力系数和升力系数讨论[J]. 中国沙漠,1998,18(1):70-76.

[22] 交通部科学研究院水运所. 气力输送装置的设计计算[M]. 北京:科学技术文献出版社,1981.

第5章 气力输送系统管道仿真与试验研究

煤矸颗粒进入输送管道后，其运动状态随管道形状及管内输送流场的变化而变化。煤矸颗粒的运动状态对管道及流场有较强的反馈作用，主要表现为管壁磨损、流场压力下降和输送管内颗粒堆积等现象。因此，研究煤矸颗粒与输送流场间的相互作用规律，以及颗粒与输送管壁间的磨损因素，对提高钻采法气力输送系统的工作效率和可靠性尤为重要。

本章为获得气力输送系统管道内煤矸颗粒输送性能，在进行煤矸颗粒与水平直管流场、弯管流场以及旋流管流场的耦合仿真研究的基础上，分析不同粒径煤矸颗粒在不同流场下的颗粒与流场互作用耦合动力学特性，获得流场耦合仿真相关参数及颗粒运动特性，并以喷射器为煤矸颗粒动力源，分别进行煤矸颗粒短距离水平输送、弯管输送以及旋流输送试验，以获得煤矸颗粒在水平流场、弯管流场以及旋流流场下颗粒输送性能和流场静压的变化规律。在此基础上，进行煤矸颗粒长距离气力输送充填试验，依据井下实际工况条件，分别搭建不同布置形式和管道长度的长距离气力输送充填实验台，获得煤矸颗粒输送特性和流场静压变化特性。结合之前的研究成果，验证长距离气力输送系统的可行性，以期研究成果对实际应用具有指导意义，为钻采法气力输送充填系统的工业性试验奠定坚实可靠的试验基础。

5.1 煤矸颗粒与输送管道流场耦合仿真研究

钻采法气力输送充填系统分为巷道内气力输送系统和采空区内气力充填系统。巷道内气力输送系统位于钻采工作面巷道内，占用巷道空间较小，根据需要可增加旋流增压器。巷道内气力输送系统的输送管道基本处于同一水平面，且存在一定数量的弯管。采空区内气力充填位于钻采煤层中，气力输送管道随钻式采煤机钻杆进入煤层。采空区内气力充填系统输送管道为直管且根据煤层开采特性有一定的倾斜角度。当开采煤层倾斜向下时，钻式采煤机采用俯采工艺，采后充填时，充填物料受重力作用下充填过程较为简单；当开采煤层倾斜向上时，钻式采煤机采用仰采工艺，采后充填时，若倾斜角较大，充填物料受重力作用难以固定在采空区内；而现阶段采用钻采工艺开采的煤层多数为水平煤层。因此，本章针对水平煤层的钻采法采后充填工况条件进行煤矸颗粒气力输送充填系统管道仿真与试验研究。

5.1.1 水平直管中颗粒与流场耦合模拟

由于高压压送式气力输送推荐料气比为 10～80。因此，在水平直管输送仿真中采用的料气比为 10～20。当管内入口的煤矸颗粒质量流率为 2.70 kg/s 时，与料气比相对的管内气流入口速度约为 22.30～44.60 m/s。水平直管中煤矸颗粒与流场耦合仿真方案如表 5-1 所列，采用 5～30 mm、10～20 mm 和 20～30 mm 三种粒径的煤矸颗粒按第 3 章煤矸颗粒粒度分布比例进行配比，且每种粒径采用第 3 章获得的三种颗粒模型进行等质量配比，仿真模型及边界条件如图 5-1 所示。

表 5-1 水平直管输送仿真方案

仿真试验编号	料气比 u	气流入口速度 V_f/(m/s)	颗粒入口速度 V_p/(m/s)	颗粒质量流率 M_p/(kg/s)
1	10	44.60	6.00	2.70
2	15	33.45		
3	20	22.30		

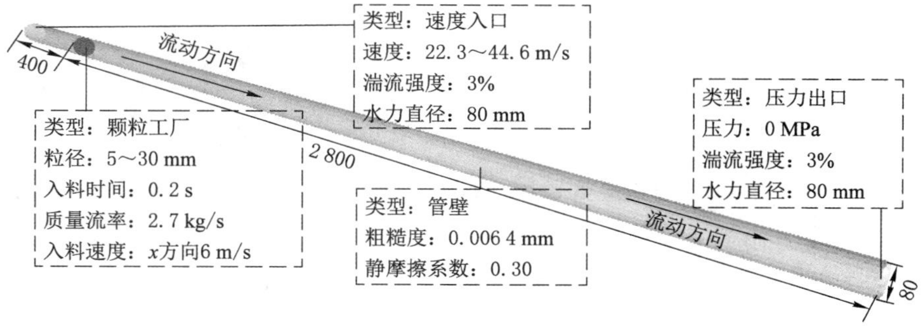

图 5-1 水平直管仿真模型及边界条件

水平管道中颗粒总质量变化曲线如图 5-2 所示，图中包括不同料气比和纯颗粒注入时的管内颗粒总质量变化。

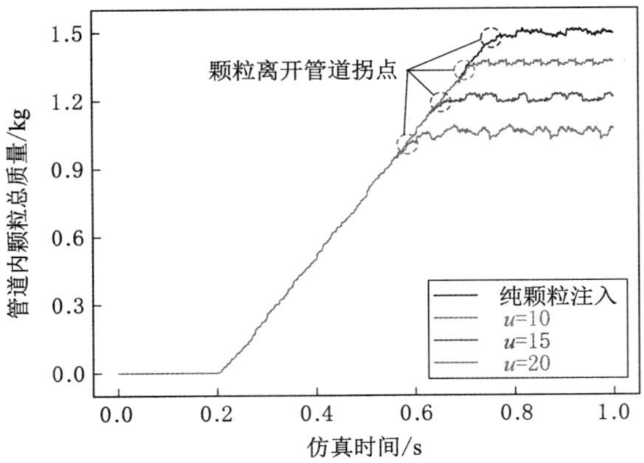

图 5-2　水平管道中颗粒总质量变化曲线

由图 5-2 可以看出，0.2 s 之前曲线为水平直线，此时无煤矸颗粒注入，为纯流场输送阶段；在 0.2 s 之后，随着煤矸颗粒注入输送管道，管道内的颗粒总质量呈线性增长趋势。到某一时间后，煤矸颗粒离开输送管道，管道内的颗粒总质量处于相对平衡状态，曲线近似为水平曲线。从图中可以看出，料气比越大，即流场速度越小时，颗粒离开输送管道的时间拐点越接近纯颗粒注入的时间拐点。本节将煤矸颗粒离开输送管道之后的时段称为稳定输送段，不同料气比下的煤矸颗粒稳定输送段的颗粒分布如图 5-3 所示。

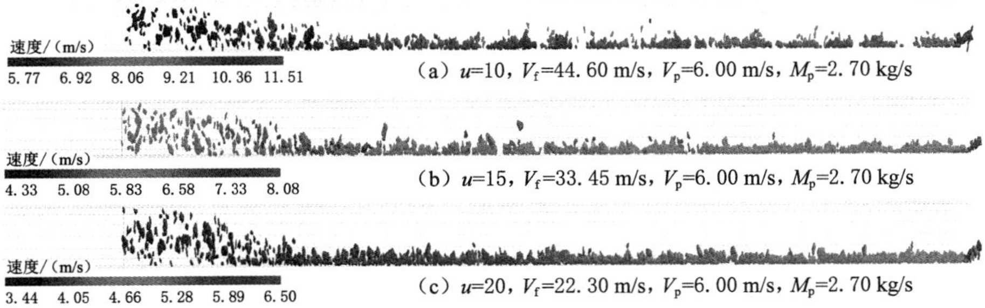

图 5-3　水平管道中颗粒分布

由图 5-3 可以看出，煤矸颗粒注入水平管道后，由于颗粒速度小于流场速度，颗粒下落的过程中受流体阻力加速，当颗粒与管壁接触后，大部分颗粒集中于管道下部，此时管道内出现分层状态。分层大致可分为三层，管道底层大部分为煤矸颗粒，管道上层为流体输送层，管道中层为颗粒与流体混合层，有部分小粒径颗粒悬浮在管道中。图 5-3(a)中的料气比为 10,流场速度为 44.60 m/s,煤矸颗粒与管壁碰撞后,一直处于加速状态,最大速度出现在输送管后半段;图 5-3(b)中的料气比为 15,流场速度为 33.45 m/s,煤矸颗粒与管壁碰撞后,基本处于稳定输送状态,最大速度出现颗粒与管壁接触段;图 5-3(c)中的料气比为 20,流场速度为 22.30 m/s,煤矸颗粒与管壁碰撞后,处于减速状态,最大速度出现颗粒与管壁接触段,而在管道输送后段颗粒速度趋于平稳。

根据图 5-3 中水平管道中颗粒速度分布可知,颗粒运动的能量完全由输送流场提供,在输送过程中颗粒与其他颗粒及管壁发生碰撞与摩擦,造成能量损耗。流场提供给颗粒的能量可分为两部分,一部分用于弥补颗粒能量损耗,另一部分用于增加颗粒动能。当颗粒能量损耗小于流场提供的能量时,颗粒处于加速状态,如图 5-3(a)所示。随着颗粒速度的增大,流场与颗粒的速度差值和颗粒受到的流场阻力减小,导致流场提供给颗粒的能量降低,颗粒速度趋于稳定。当颗粒能量损耗与流场提供的能量持平时,颗粒处于匀速运动阶段,如图 5-3(b)所示。当颗粒能量损耗大于流场提供的能量时,颗粒处于减速状态。随着颗粒速度的降低,流场与颗粒的速度差值和颗粒受到的流场阻力增大,使流场提供给颗粒的能量增大,直至流场提供给颗粒的能量与颗粒能量损耗持平,如图 5-3(c)所示。

颗粒的运动状态对气力输送系统中能量消耗有较大影响。在速度入口仿真中,认定等径管道内气流平均速度不变,即管道内流场动压基本保持稳定,因此流场压力变化主要来自静压变化。水平输送管中的稳定输送段压力变化如图 5-4所示,图中耦合静压、耦合动压和耦合总压指煤矸颗粒与流场耦合仿真时的流体压力变化,而未耦合静压、未耦合动压和未耦合总压指单纯流体输送时的流体压力变化。

由图 5-4 可以看出,三种不同料气比下管道内的压力变化曲线基本相似。仿真条件采用速度入口,管道内流场速度变化较小,即流场动压变化较小,流场压力变化主要源于流场静压发生变化;结合图 5-3,煤矸颗粒与流场耦合仿真中流体压力曲线可分成三个区域:区域Ⅰ——流体区、区域Ⅱ——颗粒下落区和区域Ⅲ——输送区。区域Ⅰ为颗粒工厂后方,由于流体中无煤矸颗粒,仍为纯流体输送区域,因此,静压下降斜率与单纯流体输送时的静压下降斜率相同;区域Ⅱ处煤矸颗粒开始生成,并与流场发生动量、能量的交换作用,由于煤矸颗粒在颗粒工厂中随机生成,煤矸颗粒进入流场时与流场之间的互作用较为充分,因此流场的静压下降较快,流体与颗粒间的能量转换效率也最高;区域Ⅲ处煤矸颗粒受重力作用多集中于管道底部,只有部分颗粒与流场发生作用,因此流场的静压下降趋势减缓。

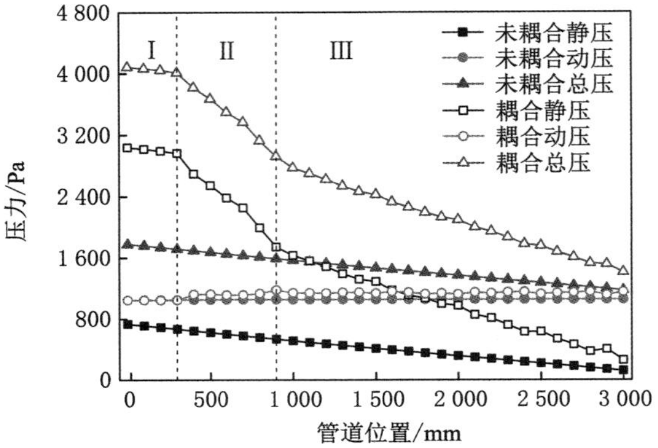

（a）u=10，V_f=44.60 m/s

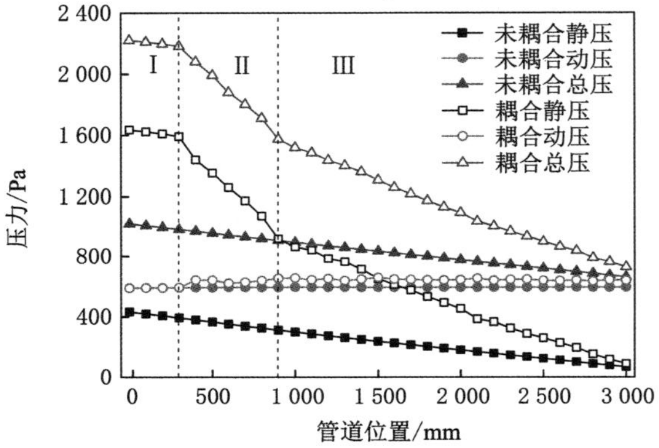

（b）u=15，V_f=33.45 m/s

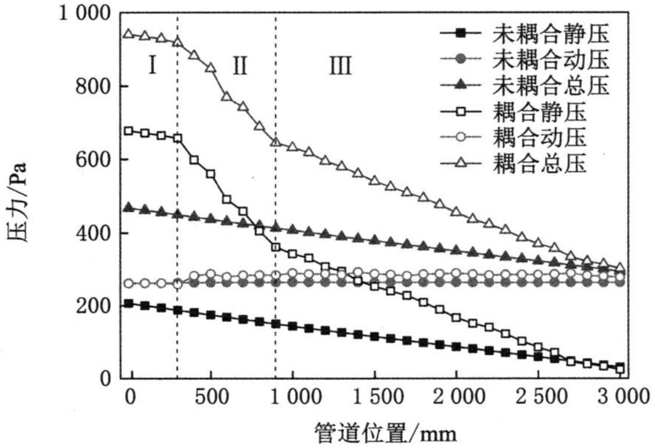

（c）u=20，V_f=22.30 m/s

图 5-4　水平输送管中的稳定输送段压力变化

不同料气比情况下的管道入口和出口间的流场静压差随流场速度的变化规律如图 5-5 所示。图中未耦合静压差表示纯流体输送仿真时，管道入口和出口稳定输送状态下的流体静压差；耦合静压差表示煤矸颗粒与流场输送耦合仿真时，管道入口和出口稳定输送状态下的流体静压差；颗粒输送压差为耦合静压差与未耦合静压差之间的差值，为煤矸颗粒从流场中获得能量时引起的流体静压损耗。

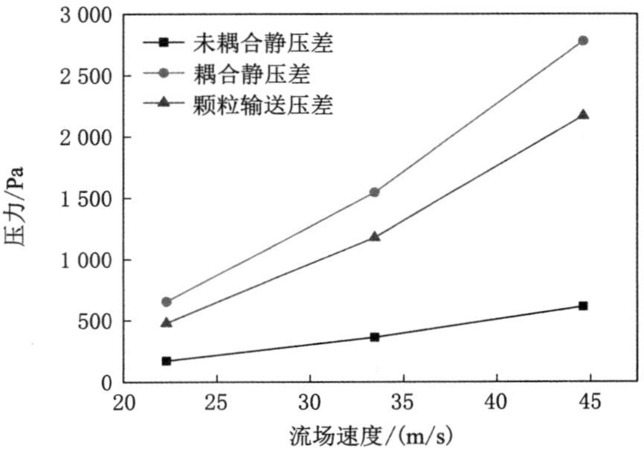

图 5-5　管道流场静压差随流场速度的变化规律

由图 5-5 可以看出，在煤矸颗粒入料质量流率相同的情况下，纯流体输送的流场静压差随流场速度的增大变化趋势平稳，煤矸颗粒与流场耦合时，流场静压差随流场速度的增大，其增速显著，这表明流场速度越大煤矸颗粒从流场中获得的能量越多。在煤矸颗粒入料质量流率相同的情况下，虽然增大料气比，压力损耗增加，但颗粒从流场中获得的能量也随之增大，这有利于煤矸颗粒的下一步输送。然而单纯增加流场速度会增加气力输送系统的空气消耗量，因此本书研究的煤矸气力输送系统为煤矿井下应用系统，考虑矿井通风量，不能单纯地增大空气消耗量，应尝试减少输送量或改变直管输送方式等方法，在不增大空气消耗量的情况下，使颗粒获得更多的能量以增强输送性能。

5.1.2　弯管中颗粒与流场耦合模拟

弯管输送中颗粒运动方向发生改变，在惯性和离心力的作用下，颗粒冲击管壁，形成颗粒浓度相对较高的“颗粒束”，加剧管道磨损，使弯管成为气力输送系统中的软肋。因此，研究煤矸颗粒在弯管中的运动及弯管的磨损情况对实现煤矸颗粒气力输送尤为重要。弯管模型如图 5-6 所示，它由弯头和两段直管组成。

弯管的内径和弯曲半径分别为 d 和 R，入口和出口端直管的长度分别为 H_r 和 H_c，弯曲角度为 90°。根据井下实际工况，选择弯管内径 d=80 mm、入口直管长度 H_r=3 000 mm、出口直管长度 H_c=500 mm，边界条件和求解参数的设置方法和水平直管模型相同。

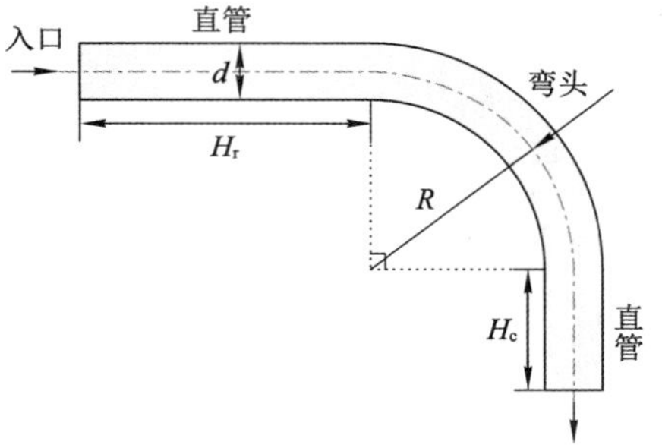

图 5-6　弯管模型

本节在考虑管道内径、煤矸颗粒粒度、料气比和弯管弯曲半径对于颗粒轨迹影响的基础上，主要分析弯管和后续直管中煤矸颗粒轨迹。依据现场常用的管道类型，采用四种弯管半径进行多组不同条件下煤矸颗粒弯管输送仿真研究，弯管半径分别为 400 mm、600 mm、800 mm 和 1 000 mm，管道直径为 80 mm，煤矸颗粒注入质量流率为 2.70 kg/s，颗粒粒度为 5～30 mm，气流速度为 22.30 m/s 和 44.60 m/s，对应的料气比分别为 20 和 10。

（1）弯管中颗粒轨迹

选取仿真中的部分颗粒绘制颗粒在弯管中的运动轨迹，如图 5-7 所示。从图中可以看出，在弯管及弯管后直管段煤矸颗粒轨迹密集，出现减速状态，形成了"颗粒束"，而在后续直管中出现重新加速状态。颗粒束运动轨迹呈螺旋形，且随着颗粒继续流动，颗粒束逐渐发散，螺旋形消失。

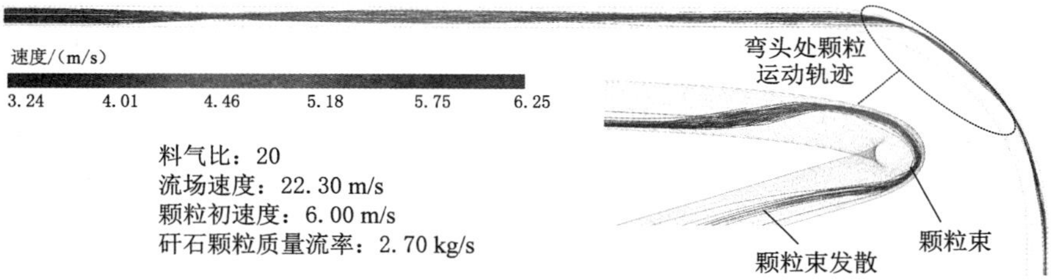

图 5-7　弯管中的部分颗粒轨迹

颗粒在运动到弯管后，撞击弯管外侧管壁，向轴线运动集中，同时受离心力的作用，颗粒运动轨迹偏向弯管外侧壁；再次与侧壁碰撞，沉降在管道底部的颗粒上升，在弯管外侧集中，如此循环，形成螺旋运动。当颗粒将要离开弯管段时，颗粒速度降低，离心力减小，重力的作用使得颗粒运动偏向管道底部。但颗粒由于碰撞管侧壁获得了垂直管道轴线的速度，颗粒在直管段内仍有一段时间的螺旋运动。

通过颗粒轨迹分析可以初步看出，经过弯管时，颗粒速度降低，且在后续的直管中重新加速。管道内颗粒速度的降低主要原因是颗粒与管壁碰撞及摩擦，此时颗粒损失的能量大部分作为弯管磨损所消耗的能量。

(2) 弯管中管壁磨损

在气力输送系统中，磨损最严重的情况往往发生在弯管段，弯管输送中煤矸颗粒群形成颗粒浓度高的颗粒束，造成颗粒与管壁的碰撞较为集中，影响管道磨损的主要因素为气流速度和弯曲半径。当气流速度为 22.30 m/s 和 44.60 m/s，弯管半径为 400 mm 时，不同气流速度和颗粒粒度下弯管磨损率等值图如图 5-8 所示。图中箭头表示弯管中流体和颗粒的流动方向，只在图 5-8(a)中标出，其他图类似。为表示弯管中磨损发生的位置，分别沿管道轴向六等分截面和 Z 坐标方向截面形成图中网格线。

由图 5-8 可看出，弯管最大磨损率随着粒度的增加而减小，仿真结果表明颗粒粒度对管道磨损有影响作用，且最大磨损率沿管道轴向的位置出现在 20°～35°的范围内，如图 5-9 所示。在 Z 轴方向上，两种气流速度下的最大磨损率均出现在 0～−0.02 的范围内，即管道的中间偏下位置，这说明管道中煤矸颗粒主要分布在管道底部。

弯管磨损率围绕最大磨损位置呈片状分布，由内到外，磨损率逐渐变小。由于管道的二次圆柱曲面造成颗粒在截面中间位置分布较多，在磨损图中，能看出颗粒束螺旋运动的痕迹。值得注意的是，当气流速度增大后，最大磨损率增速明显，速度从 22.30 m/s 增大到 44.60 m/s，最大磨损率增大，而且还形成另一个磨损率较大的点，这是因为颗粒速度较大，与管壁发生接触时颗粒本身能量较大，导致管壁最大磨损率增大。因此，煤矸颗粒气力输送中应在满足要求的前提下尽可能减小气流流速。

弯管磨损率等值图如图 5-10 所示，管壁的最大磨损率随着弯曲半径的增大而减小，且下降的倍数约为弯曲半径的增大倍数。图 5-11 为四种不同弯管半径的主要磨损区示意图，主要磨损区为图中阴影部分，弯管半径越大，弯管弧长越大，从直管中以一定速度运动过来的颗粒分散范围越宽，其结果是最大磨损率下降。从最大磨损位置来看，随着弯管半径的增加，最大磨损位置对应的角度减

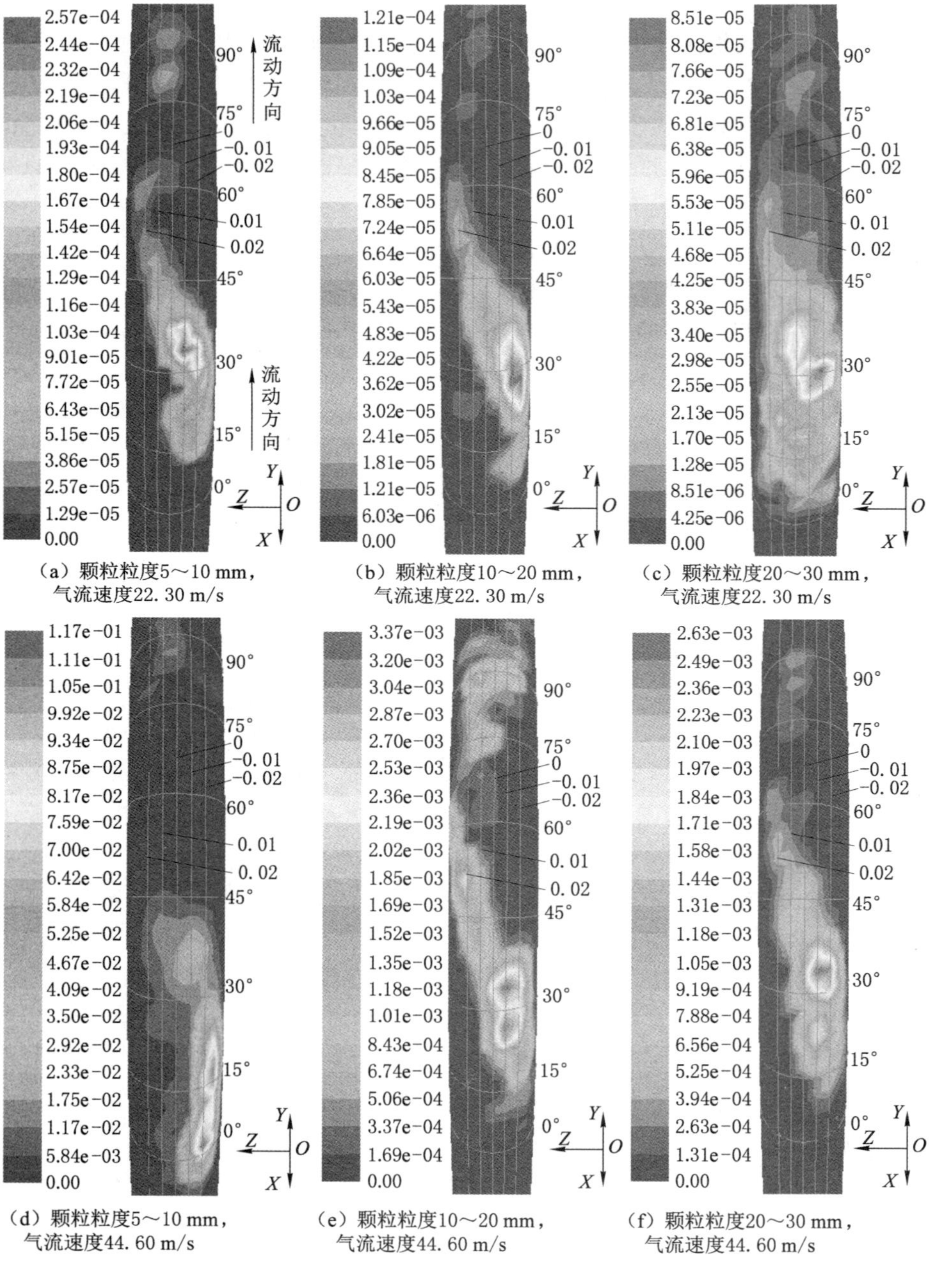

(a) 颗粒粒度5～10 mm，气流速度22.30 m/s

(b) 颗粒粒度10～20 mm，气流速度22.30 m/s

(c) 颗粒粒度20～30 mm，气流速度22.30 m/s

(d) 颗粒粒度5～10 mm，气流速度44.60 m/s

(e) 颗粒粒度10～20 mm，气流速度44.60 m/s

(f) 颗粒粒度20～30 mm，气流速度44.60 m/s

图 5-8　不同气流速度和颗粒粒径下弯管磨损率等值图

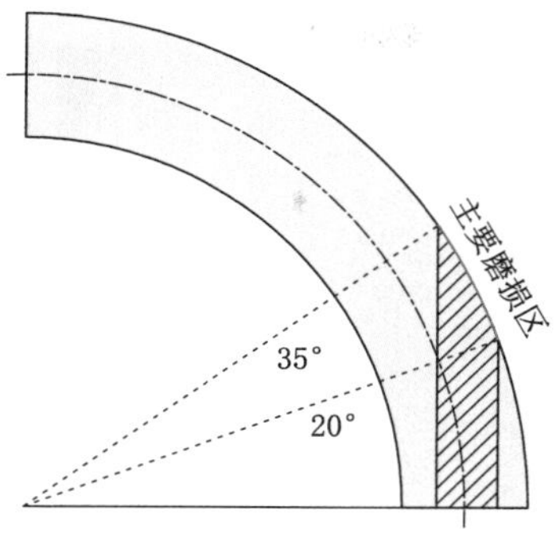

图 5-9　弯管磨损位置示意图

小，这和图 5-9 中虚线对应的位置一致，即最大磨损率位置位于入口端直管纵向对称面内。

综上所述，在其他条件相同的情况下，增大颗粒粒度和弯曲半径均可以减小弯管最大磨损率。在空间不受限制的条件下，为减少磨损，可以考虑采用大弯曲半径弯管。弯管最大磨损率的位置位于入口端直管纵向对称面与弯管的交线附近，可对该区域进行加厚或热处理，增大管道局部耐磨能力。另外可以通过改变弯管结构将此区域设计成方便更换的部件，以应对磨损问题。

在弯管和弯管出口端直管中，颗粒束做螺旋运动，管道截面内颗粒的分布较均匀，尤其在弯管出口端直管中，颗粒可以运动到管道上部，更容易被气流携带加速，这样可以降低耗气量，进而降低气力输送系统的能耗。如果人为制造颗粒的螺旋运动，使颗粒更容易从流场中获得动能，则可以有效降低气力输送能耗。但是颗粒发生螺旋运动后，增加了颗粒的行程和颗粒与管壁的碰撞次数，这又有可能造成能耗升高和磨损问题，因此，应对煤矸颗粒在旋流流场中的运动情况进行仿真分析研究。

5.1.3　旋流管中颗粒与流场耦合模拟

为了人为制造颗粒螺旋运动，本节设计了由旋流主管和旋流辅管组成的旋流管模型，如图 5-12 所示，并对旋流管的输送性能进行仿真研究。

旋流辅管与旋流主管相切，与轴向成 α 角度，旋流辅管沿旋流主管周向均匀分布，数量可为两个或者多个，但过多的旋流辅管导致旋流辅管中的空气流量难以控制，所以本节只对双旋流辅管进行模拟仿真研究。旋流管输送仿真中，以旋流主管和旋流辅管的直径及旋流辅管和旋流主管的夹角 α 作为描述旋流管的结构参数，以旋流主管和旋流辅管中的气流速度作为描述旋流管的流场条件参数，

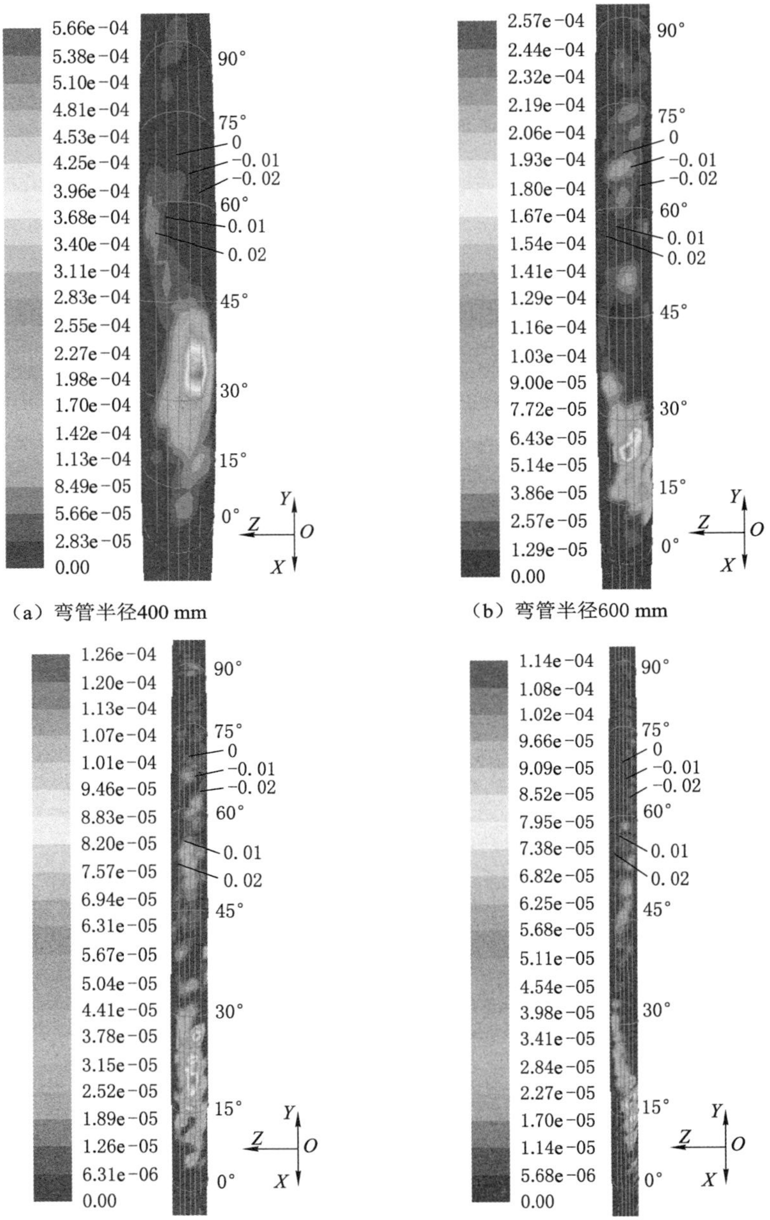

（a）弯管半径400 mm　　（b）弯管半径600 mm

（c）弯管半径800 mm　　（d）弯管半径1 000 mm

图 5-10　四种不同弯管半径下磨损率等值图

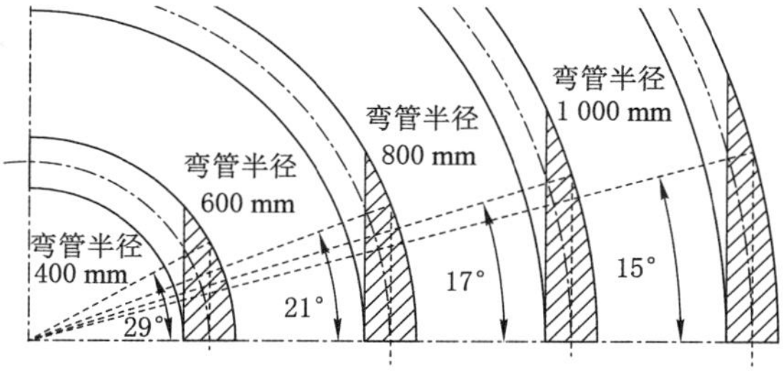

图 5-11　四种不同弯管半径的主要磨损区示意图

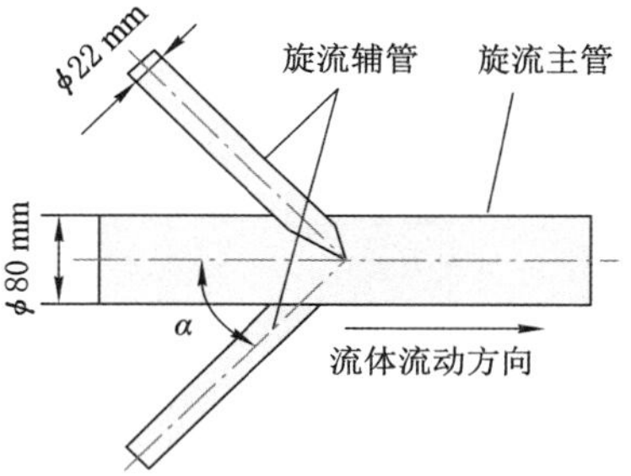

图 5-12　旋流管模型

以旋流主管与旋流辅管的夹角及对应的空气流量作为分析输送流场的影响因素。

仿真模型总长 10 m，旋流管位于中间位置，夹角取 30°、45°和 60°。为了与水平直管输送做对比，采用相同空气流量和颗粒参数配置进行水平直管与旋流管仿真。水平直管中入口气流速度为 44.60 m/s，空气流量为 13.44 m^3/min，旋流管主管的入口气流速度为 22.30 m/s，空气流量为 6.72 m^3/min，两支旋流辅管的入口气流速度为 147.44 m/s，空气流量为 3.36 m^3/min，煤矸颗粒粒径为 10～20 mm，入料量为 1.80 kg/s。水平直管和旋流管中煤矸颗粒运动轨迹如图 5-13所示。

对图 5-13 进行分析可知，水平直管中的煤矸颗粒加速达到稳定状态后，颗粒主要分布在管道底部。颗粒沉积在管道底部，一方面使得大部分气流在管道上层流动，仅有部分中层颗粒可与流场充分作用，造成了流体能量浪费；另一方面颗粒沉积在管道底部与管壁摩擦，降低了输送系统工作效率，加剧了管道磨损，严重时会造成管道的堵塞。旋流管中，当颗粒经过旋流辅管入口后，旋流管中的高速气流给煤矸颗粒一个冲量，使得颗粒能够沿管壁上升一定的高度，并开始螺旋运动，且

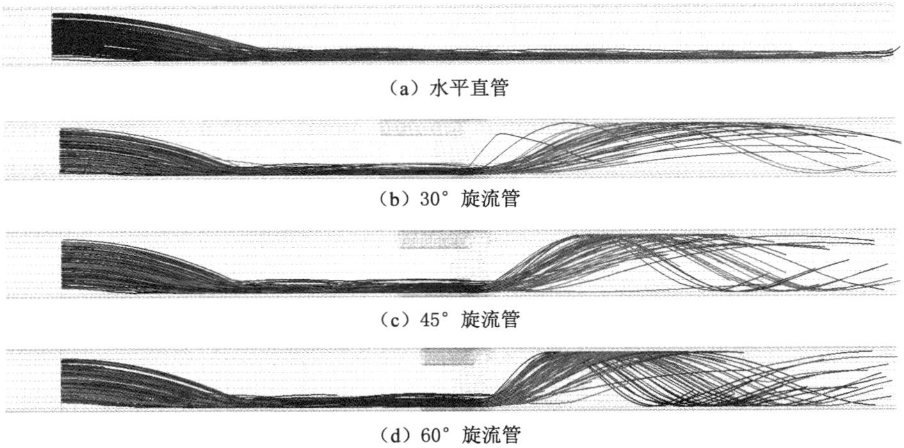

图 5-13　水平直管和旋流管中的煤矸颗粒运动轨迹

随着旋流辅管和旋流主管夹角的增大,颗粒螺旋运动的螺距减小。

煤矸颗粒在旋流的作用下做螺旋运动,使管道截面充满颗粒,说明旋流在气力输送中为沉积的颗粒提供了能量,使得颗粒能够重新进入气流中。旋流口上游直管中的颗粒轨迹与直管中颗粒轨迹的不同主要是由于旋流辅管的分流,使得输送管道中气流量减少。三种旋流管夹角下的旋流最大速度随流动距离的变化规律如图 5-14 所示,图中横坐标表示距离旋流入口的长度(即为流动距离),曲线为拟合得到的旋流管内最大速度衰减规律。

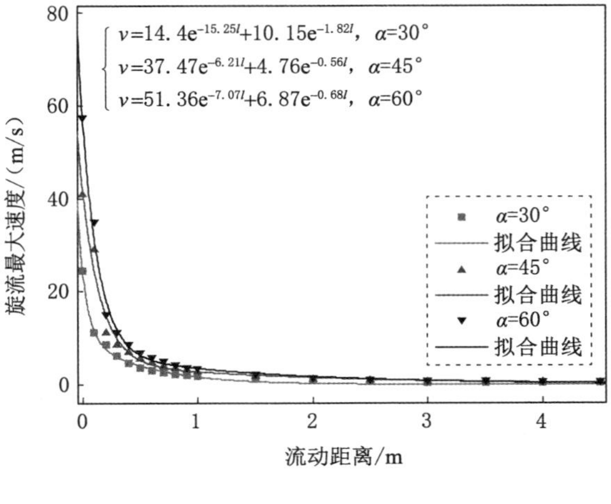

图 5-14　旋流最大速度变化规律

从图 5-14 中可以看出旋流最大速度随流体流动距离的增大呈指数规律减小，径向和切向速度减小直到消失，此时气流恢复为完全的轴向流动，使得颗粒受到的与重力相反的力减小，颗粒将重新沉积在管道底部。不同夹角下，旋流管内颗粒速度沿管道轴向的变化规律如图 5-15 所示，图中 $\alpha=0^\circ$表示水平直管输送情况。由图 5-15 可知，在管道前半段，由于直管气流速度较大，直管内颗粒速度始终大于旋流管，但三种夹角的旋流管颗粒速度变化趋势相同，均呈现加速度减小的加速运动。在管道中部引入旋流后，旋流管内颗粒加速度增大，颗粒速度超过水平直管内颗粒速度。在管道出口处，三种夹角的旋流管内颗粒速度均高于水平直管中颗粒速度，这是由于旋流破坏了颗粒沉降，使颗粒重新进入流场并获得加速。三种夹角的旋流管内颗粒速度变化趋势一致，并且夹角越小，颗粒速度越大，这是由于夹角越小，流场获得沿管道轴向的流场速度越大，煤矸颗粒能获得更多的能量以增加其速度。

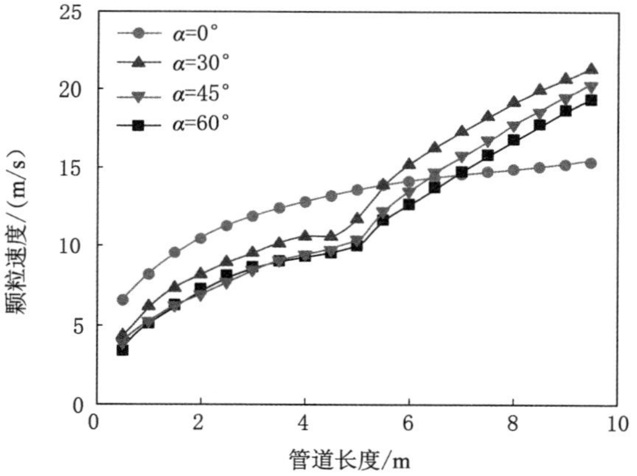

图 5-15　颗粒速度沿管道轴向变化规律

5.2　煤矸颗粒短距离气力输送试验

本节主要针对巷道内处于同一水平面上的气力输送系统进行试验研究，包括水平直管、弯管以及旋流管等输送管道。为研究短距离(＜20 m)气力输送中煤矸颗粒的输送性能，基于煤矸颗粒气力喷射实验台，采用结构参数较优的喷射器作为煤矸颗粒气力输送系统的动力源，配以星型给料器控制煤矸颗粒的入料质量流率，进行煤矸颗粒短距离气力输送试验研究，以获得煤矸颗粒在水平流场、弯管流场以及旋流流场下颗粒输送性能和流场静压变化规律。

5.2.1 短距离气力输送实验台

煤矸颗粒短距离气力输送实验台主要由喷射系统、输送监控系统和尾料收集系统组成，如图 5-16 所示。

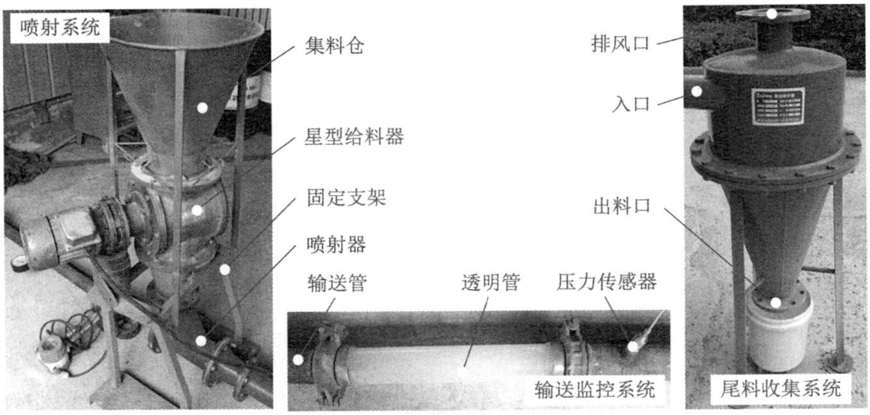

图 5-16　煤矸颗粒短距离气力输送实验台

喷射系统在原煤矸颗粒气力喷射系统的基础上，在集料仓和入料漏斗之间增加了星型给料器，以控制煤矸颗粒的入料质量流率。煤矸颗粒选用 5～10 mm、10～20 mm 和 20～30 mm 三种粒度的煤矸颗粒，并按第 3 章煤矸颗粒粒度分布比例进行配比。星型给料器转子叶轮额定转速为 24 r/min，转子叶轮容积为 6 L/r，额定转速为 24 r/min，颗粒入料粒度不大于 30 mm，采用变频器调速。煤矸颗粒堆积密度为 1 170.47 kg/m^3 时的星型给料器的电机频率和给料量（入料质量流率）的关系如表 5-2 所列。

表 5-2　电机频率和给料量的对应关系

电机/Hz	50	40	30	20
给料量/(kg/s)	2.81	2.25	1.69	1.12

输送监控系统安装在输送管道前端，输送管道根据试验需求增加水平直管、弯管或旋流管，如图 5-17 所示，可进行 15～17 m 的煤矸颗粒短距离水平输送、弯管输送以及旋流输送试验。

输送监控系统的第一个压力传感器安装在距离喷射器出口 7 m 处，第二个压力传感器安装在第一个压力传感器下游 4 m 处。利用两个压力传感器测量沿程

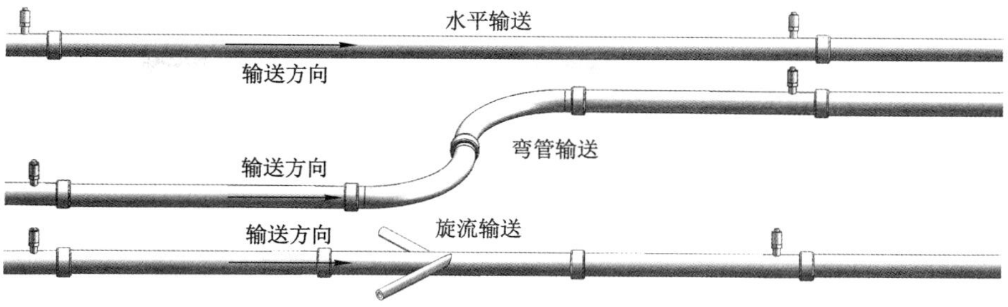

图 5-17　短距离气力输送试验管路布置

流体静压,通过处理静压信号可获得相应管道内的静压变化规律。每个压力传感器下游均安装有透明管,用以监控颗粒运动状态。尾料收集系统与输送监控系统相连,采用旋流分离器回收煤矸颗粒,将煤矸颗粒与输送空气分离。煤矸颗粒从出料口落下,空气从排风口排出,为了减少粉尘排放,在排风口处加装防尘布袋。

试验前,为获得气力输送管道内的气流速度,在压力传感器安装处利用毕托管测量管道内动压,如图 5-18 所示。由于管道内气流速度不均匀,按照圆形管道中流量的测量方法取 4 个测点位置,分别测量每个测点位置的动压,按式(5-1)计算各测点气流速度,以获得管道内的平均气流速度 v_i。

$$v_i = \sqrt{\frac{2\Delta p_i(1-\rho/\rho_g)}{\rho}} \tag{5-1}$$

式中　Δp_i——测点 i 对应的 U 形管中工作液体压力差,Pa;

ρ_g——空气的密度,kg/m³;

ρ——测量液体的密度,kg/m³。

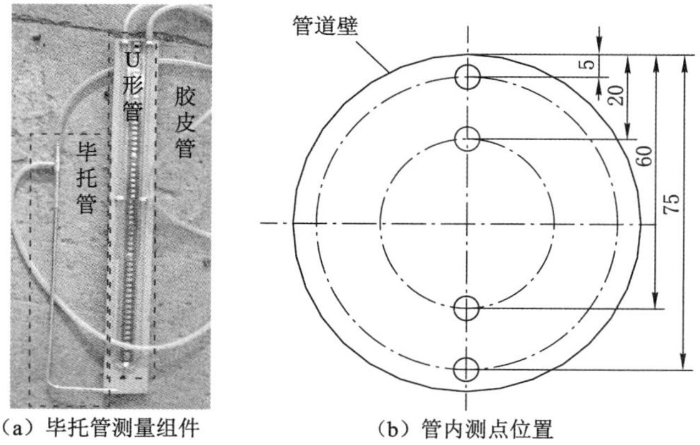

(a) 毕托管测量组件　　(b) 管内测点位置

图 5-18　管道内动压测量

5.2.2 煤矸颗粒水平输送性能

煤矸颗粒水平输送试验采用 15 m 水平输送管道，通过改变气流速度和给料器电机频率，获得不同流场速度和入料质量流率下的流场静压变化趋势。试验方案如表 5-3 所列，共进行 8 组水平直管短距离气力输送试验。

表 5-3 水平直管短距离气力输送试验方案

试验编号	供气压力 /MPa	纯流场速度 /(m/s)	入料质量流率 /(kg/s)	试验编号	供气压力 /MPa	纯流场速度 /(m/s)	入料质量流率 /(kg/s)
1	0.3	21	1.12	5	0.3	21	2.25
2	0.4	29	1.12	6	0.4	29	2.25
3	0.5	37	1.12	7	0.5	37	2.25
4	0.6	44	1.12	8	0.6	44	2.25

为了说明管道输送煤矸颗粒过程中压力传感器信号变化规律，以第 8 组试验的压力传感器信号为例。该组试验压力传感器Ⅰ和Ⅱ的压力信号如图 5-19 所示，图中横坐标表示试验时间，纵坐标表示压力传感器采集到的输送管道中的静压压力。

从图 5-19 中可以看出，压力传感器获得的静压曲线大致分为两个区域：纯流场段和颗粒输送段。纯流场段内，0～5 s 时的静压值逐渐增加，为单相气流在管道内流动的初始阶段；5～30 s 时的静压值较为稳定，虽有噪声波动但基本在零附近上下浮动，表示气流已充分发展，形成稳定流场。在 30～45 s 时，静压值快速升高，这是由于管道内的煤矸颗粒阻碍了气流流动，使颗粒后部的静压力升高，此区间被称为颗粒输送段。在 45 s 之后，随着管道内煤矸颗粒的减少，静压值下降，逐渐恢复为纯流场段的压力形态。

对比两个压力传感器获得的静压变化曲线可发现，在纯流场段的压力传感器Ⅰ和压力传感器Ⅱ的流体静压值曲线变化趋势基本相同，但压力传感器Ⅰ的静压均值略大于压力传感器Ⅱ的。在颗粒输送段，压力传感器Ⅰ的静压均值大于压力传感器Ⅱ的，但静压值变化趋势基本相似；煤矸颗粒气力输送过程中，随着煤矸颗粒沿输送管道运动，颗粒流后方的流场静压逐渐降低。压力传感器Ⅰ的颗粒输送段曲线起点虽然早于压力传感器Ⅱ的颗粒输送段曲线起点，但两者的颗粒输送段时间长度基本相同，表明通过压力传感器Ⅰ和压力传感器Ⅱ的煤矸颗粒速度基本相同。流场静压下降是因为弥补了煤矸颗粒输送过程中的能量损失，使煤矸颗粒速度处于基本稳定状态。

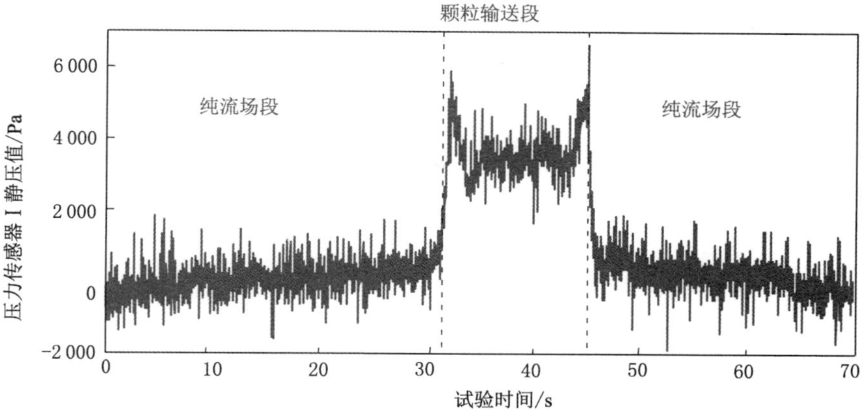

(a) 压力传感器 I

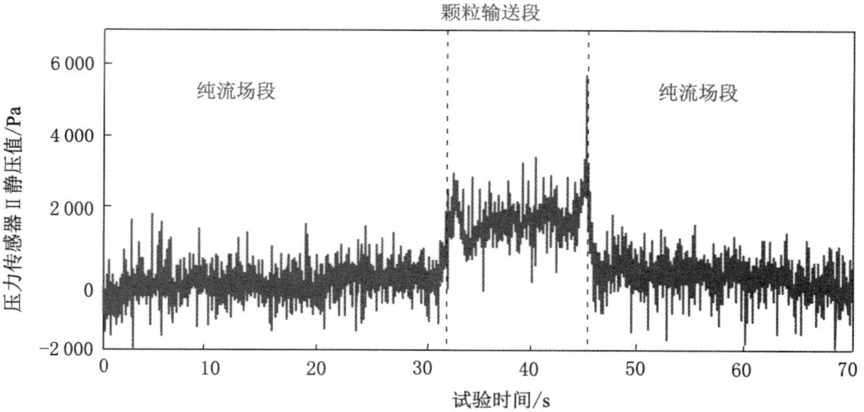

(b) 压力传感器 II

图 5-19　水平直管中的压力信号

取颗粒输送段的平均静压值作为煤矸颗粒输送时压力传感器处的静压值，煤矸颗粒水平直管气力输送试验中两压力传感器间静压压降与流场速度的关系如图 5-20 所示。两种不同入料质量流率的传感器间静压压降均随气流速度的增大呈现先下降然后升高的趋势，这表明存在一气流速度使静压压降最小，定义该气流速度为最佳气流速度。图中以拟合曲线极小值点所对应的流场速度即为最佳气流速度，入料质量流率为 1.12 kg/s 时，最佳气流速度约为 34.8 m/s，入料质量流率为 2.25 kg/s 时，最佳气流速度为 32.5 m/s。由此可见，两种不同入料质量流率的最佳气流速度值差距较小，最佳气流速度基本为颗粒悬浮速度的1.4～1.9 倍。在实际工业生产中，最佳气流速度常作为煤矸颗粒输送模式的变换标志，即随着气流速度的降低，颗粒输送由稀相经过不稳定区域变为浓相气力输送。

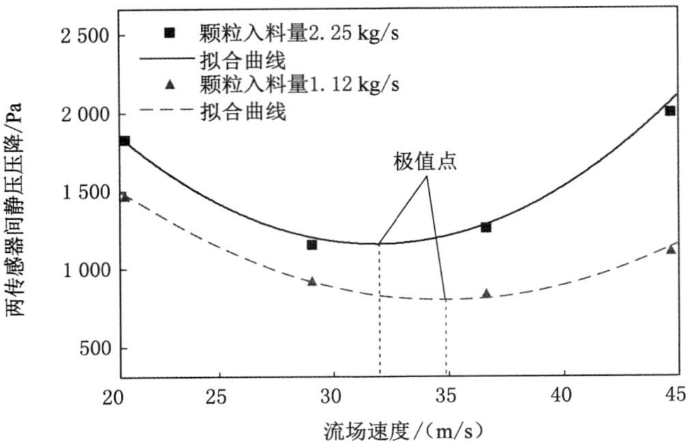

图 5-20　水平直管中的静压压降与流场速度关系

5.2.3　煤矸颗粒弯管输送性能

煤矸颗粒在弯管输送中的仿真结果表明，颗粒在弯管内形成高浓度且呈螺旋运动的颗粒束。为获得弯管流场中静压变化规律，本节采用弯曲半径为800 mm的双弯管进行煤矸颗粒气力输送试验研究。压力传感器布置与水平输送管的压力传感器布置基本相似，两压力传感器直接间距为 4.69 m(直管长度加上弯管沿程与连接接头的长度)，试验方案如表 5-4 所列。试验 1 的压力传感器Ⅰ和压力传感器Ⅱ的压力信号如图 5-21 所示，图中横坐标表示试验时间，纵坐标表示压力传感器采集到的输送管道中的静压压力。

表 5-4　弯管短距离气力输送试验方案

试验编号	供气压力/MPa	纯流场速度/(m/s)	入料质量流率/(kg/s)
1	0.4	29	1.12
2	0.5	37	1.12
3	0.6	44	1.12
4	0.4	29	1.69
5	0.5	37	1.69
6	0.6	44	1.69
7	0.4	29	2.25
8	0.5	37	2.25
9	0.6	44	2.25

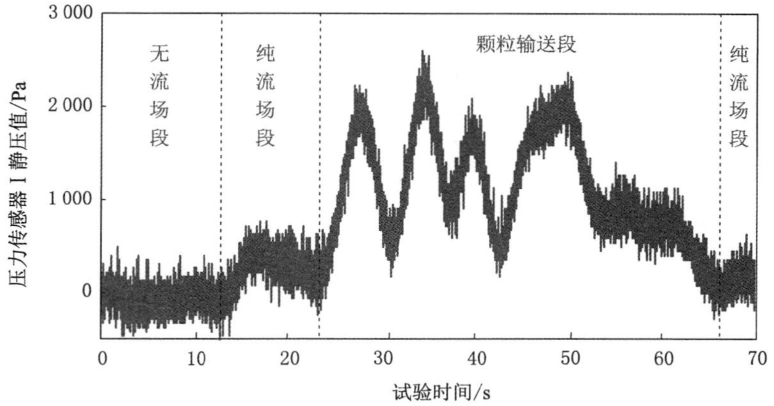

(a) 压力传感器 I

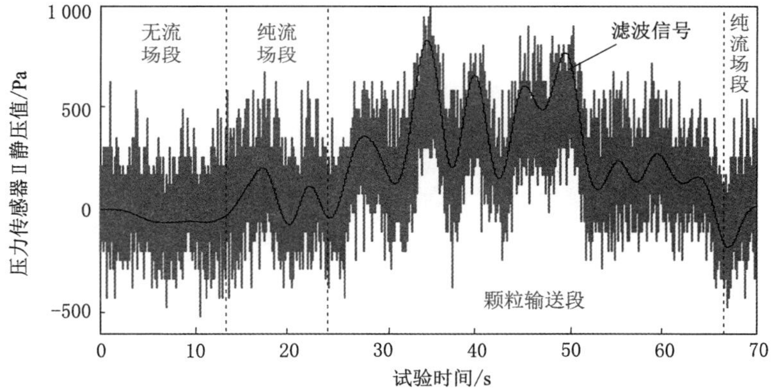

(b) 压力传感器 II

图 5-21　弯管中的压力信号

对比图 5-19 与图 5-21 可知,弯管中的压力信号波动比水平直管中压力信号波动明显。根据管内输送状态,弯管中的压力信号可分为无流场段、纯流场段和颗粒输送段。无流场段管内既无颗粒也无流体,此时压力传感器获得的信号应为零,但试验中传感器信号却有一定的噪声和零漂现象。当压力值变化较大时,信号噪声及零漂现象对传感器信号的影响不明显,如图 5-21(a)所示;但当压力值变化较小时,信号噪声及零漂现象对传感器信号的影响较为明显,如图 5-21(b)所示,因此对该压力信号进行滤波处理。图 5-21 中,纯流场段内的静压信号有一定波动,这是由于弯管对流场有一定阻碍作用,破坏了流场的均匀性和稳定性,通过两段连续弯管时,流场受弯管管壁作用流动方向发生连续变化。颗粒输送段内的静压信号有多次较大的波动,这是因为颗粒在连续弯管内运动过程中形成了两次螺旋形颗粒束。对压力传感器Ⅱ的压力信号进行滤波处理，压力传感器Ⅱ滤波后的静压信号与压力传感器Ⅰ的变化趋势相同，但压力传感器Ⅱ的静压信号波动幅度较小，这表明通过连续弯管后，流场静压压降较大且流场波动趋于稳定。

短距离弯管气力输送试验中，采用颗粒输送段的平均静压值作为输送煤矸颗粒时压力传感器处的静压值，不同入料质量流率情况下，两传感器间静压压降与流场速度的关系如图 5-22 所示。

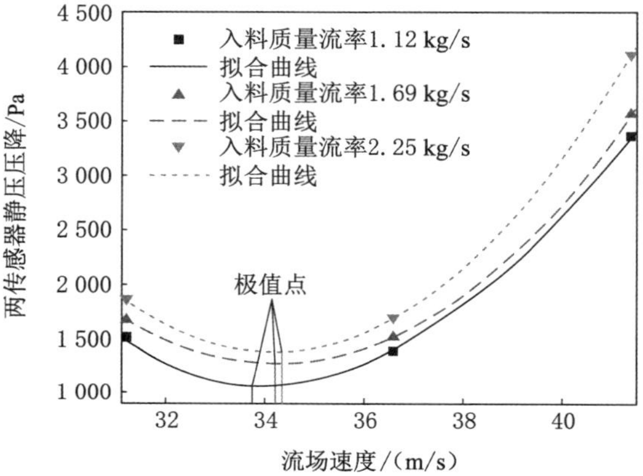

图 5-22　弯管中静压压降与流场速度的关系

三种入料质量流率情况下，压力传感器间的弯管静压压降随流场速度变化趋势基本相同；在相同流场速度条件下，压力传感器间静压压降随入料质量流率的增大而增大。当流场速度较小时，弯管输送的静压压降变化较小，略高于水平直管中静压压降；当流场速度较大时，弯管输送的静压压降突然增大，增速约为相同流场速度下水平直管中静压压降的两倍。根据试验结果拟合的二次曲线可以看出，弯管输送的静压压降随气流速度的增大呈先下降后升高的趋势，说明在弯管输送中同样存在一最佳气流速度。从图中可以看出，三种入料质量流率下的弯管输送最佳气流速度基本相同，均在 33.5～34.5 m/s 之间，且最佳气流速度下的静压压降与相邻试验点的流场速度差距较小。因此，从降低气力输送能耗的角度出发，可选择较小的流场速度。

5.2.4　煤矸颗粒旋流管输送性能

为了提高气力输送系统运输能力、防止物料堵塞输送管道，在气力输送管道系统中增加旋流管。气流通过旋流管中的旋流辅管进入输送管道中，产生螺旋气流，使沉降在管道底部的颗粒重新进入输送流场，并与气流互作用获得动能。

前文的仿真结果表明旋流管可提高系统的输送能力。在同样耗气量的条件下，旋流管内的颗粒速度高于水平直管中的颗粒速度，且旋流管内的煤矸颗粒分布较水平直管均匀，基本无煤矸颗粒沉积在管道底部。本节加工制造了不同旋流辅管与旋流主管夹角（下文称为管道夹角）的旋流管，如图 5-23 所示，旋流输送管的管道夹角分别为 30°、45°和 60°。

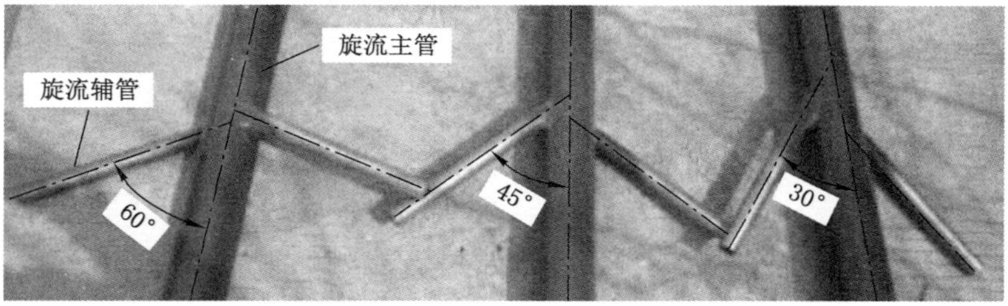

图 5-23　旋流输送管

短距离旋流管气力输送试验中，压力传感器的布置与水平输送管的压力传感器的布置相同：第一个压力传感器安装在距离喷射器出口 7 m 处，第二个压力传感器在第一个压力传感器下游 4 m 处。为保证供气压力相同，各组试验的旋流辅管与旋流主管的气流流量总和相同，旋流辅管与旋流主管采用同一空压机提供供气压力和气流流量。试验方案如表 5-5 所列，试验主要研究管道夹角对输送流场静压压降的影响，试验结果即旋流管中静压压降与管道夹角的关系如图 5-24 所示，图中管道夹角为 0°表示旋流辅管无流体进入。

表 5-5　短距离旋流管气力输送试验方案

试验编号	管道夹角 /(°)	供气压力 /MPa	入料质量流率 /(kg/s)	试验编号	管道夹角 /(°)	供气压力 /MPa	入料质量流率 /(kg/s)
1	0	0.4	1.69	5	0	0.5	2.25
2	30	0.4	1.69	6	30	0.5	2.25
3	45	0.4	1.69	7	45	0.5	2.25
4	60	0.4	1.69	8	60	0.5	2.25

从图 5-24 可以看出，在管道夹角相同的情况下，入料质量流率越大，旋流流场静压压降越大。当管道夹角为 0°即旋流辅管无流体进入时，静压压降约为相

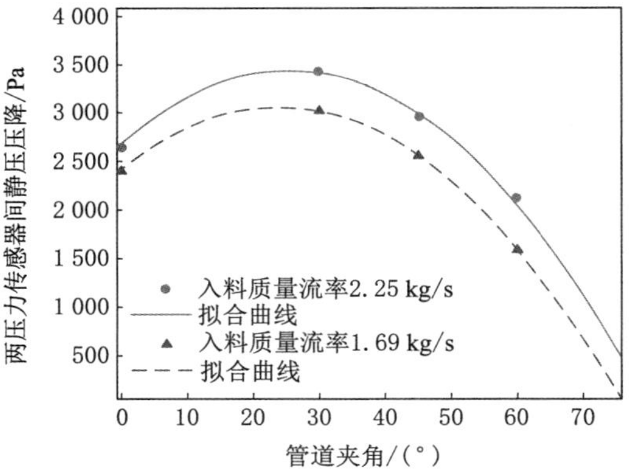

图 5-24　旋流管中静压压降与管道夹角的关系

同流场速度下水平直管中静压压降的 1.5 倍，导致这一现象的原因是旋流辅管内径较大，在无流体进入时，部分煤矸颗粒卡在旋流辅管出口处，阻碍流场及煤矸颗粒运动，增加了流场静压压降。当旋流辅管有流体进入时，旋流管内静压压降随管道夹角的增大而减小。当管道夹角为 60°时，旋流管内静压压降小于旋流辅管无流体进入时的情况，基本与水平直管输送的静压压降相同，这是由于旋流辅管中的流体进入输送流场时，流体能量损耗较小，融入流场后，增加了输送流场的气流流量和流场静压。

旋流管输送试验中管道长度与水平直管输送试验中的管道长度相同，不同管道角度下的旋流管静压压降均大于水平直管输送试验中的静压压降。结合旋流输送仿真结果可知，旋流管中多余的静压压降主要作用在沉积颗粒重新进入流场并在流场中加速的过程，这表明旋流管对颗粒输送有一定的促进作用，能够提高气流能量的利用率，增强气力输送系统的运输能力。

为防止在旋流辅管无流体进入时，煤矸颗粒进入旋流辅管堵塞流场，本书采用 3D 打印技术设计并制造了一款可用于煤矸颗粒管道气力输送的旋流增压器，如图 5-25 所示。

旋流增压器采用数个内径较小的旋流孔产生旋流流场，旋流孔与气流方向的夹角 $\alpha_1=10°$，与纵断面的夹角(旋流角)$\alpha_2=45°$，该旋流增压器将代替旋流管作为煤矸颗粒长距离气力输送试验中的增压补风装置。

以上试验初步证明了利用气力输送煤矸颗粒的可行性，验证了第 5 章部分仿真结果的正确性。水平直管和弯管气力输送试验结果表明在气力输送过程中，存在最佳气流速度，该速度下流场静压压降最小。试验中水平直管输送和弯管输送中最佳气流速度对应的供气压力在 0.4～0.5 MPa。井下通风常用气压

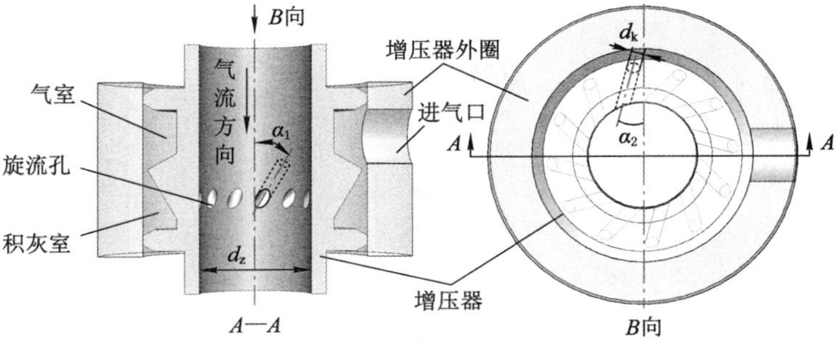

(a) 结构简图

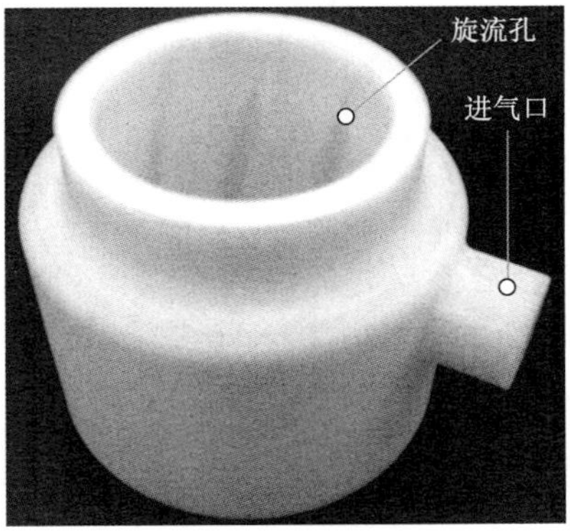

(b) 3D打印实物

图 5-25　旋流增压器

一般小于 0.5 MPa，因此，采用 0.4 MPa 作为长距离气力输送试验中供气压力试验条件。

5.3　煤矸颗粒长距离气力输送充填试验

在煤矸颗粒短距离气力输送试验研究的基础上，为实现钻采法气力输送充填系统的工业性应用，搭建不同布置形式和管道长度的长距离气力输送充填试验台，进行煤矸颗粒长距离气力输送充填试验研究，获得长距离气力输送系统中煤矸颗粒输送性能和输送流场静压变化特性，以验证长距离煤矸颗粒气力输送的可行性，为下一步工业性试验提供依据。

5.3.1 长距离气力输送实验台

根据钻采法气力输送充填系统工况条件，所搭建的长距离气力输送实验台实测长度分别为 30 m、62 m、101 m 和 142 m，如图 5-26 所示。该组实验台可进行采空区内煤矸颗粒输送过程模拟试验、巷道中煤矸颗粒气力输送过程模拟试验以及煤矸颗粒由巷道向采空区输送充填过程模拟试验。

图 5-26(a)为 30 m 和 62 m 气力输送实验台，实验台中输送管为水平直管，主要模拟钻式采煤机水平钻进作业结束后，采空区内充填物料的输送过程。实际工况条件下，气力输送管道安装在钻式采煤机通风筒上，由于工作空间狭小，现阶段暂不进行增压补风作业。因此，该实验台仅用喷射器作为动力源，不加装旋流增压器。

图 5-26(b)为 101 m 气力输送实验台，实验台中输送管由直管与多组弯管组合而成，主要模拟巷道中煤矸颗粒气力输送过程。由于巷道中工作空间较大，可根据需要在任意管道接口处加装图 5-25(b)所示的旋流增压器。30 m、62 m 和 101 m 气力输送实验台中输送管末端都采用旋流分离器回收煤矸颗粒。

图 5-26(c)为 142 m 气力输送实验台，实验台中输送管采用两段直管通过弯管相连的方式，主要模拟钻式采煤机水平钻进作业结束后，充填物料由巷道向采空区输送充填的过程。弯管前端的 62 m 水平直管视为巷道内输送管，可加装旋流增压器，而弯管后端的 82 m 水平直管视为采空区内输送管，不加装旋流增压器，输送管末端直接通向外界大气。

5.3.2 30 m 气力输送试验

30 m 气力输送试验主要揭示煤矸颗粒在输送管道内运动状态与流场静压变化关系。30 m 气力输送实验台采用压力传感器和透明输送管，以监控煤矸颗粒输送过程中的颗粒运动状态与流场静压变化规律。30 m 气力输送实验台管道布置方案如表 5-6 所列，试验方案如表 5-7 所列。根据短距离气力输送试验结果，30 m 气力输送试验中采用的供气压力为 0.4 MPa，煤矸颗粒采用 5～30 mm、10～20 mm 和 20～30 mm 三种粒度的煤矸颗粒并按第 3 章中煤矸颗粒粒度分布比例进行配比，研究不同颗粒入料量和入料质量流率下管内流场静压变化规律及对应的管内煤矸颗粒运动情况，获得流场静压变化与颗粒运动状态关系。

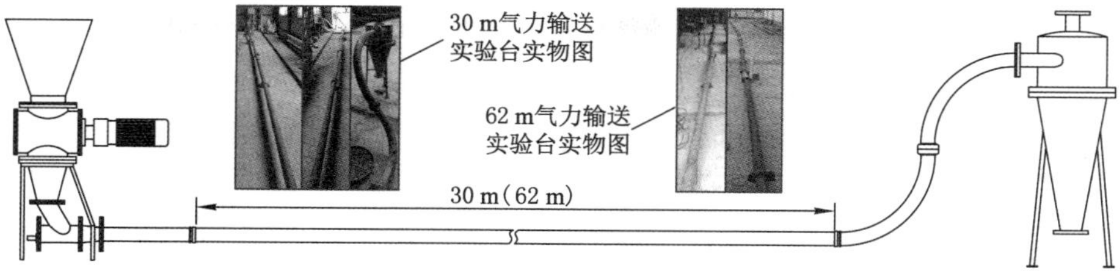

(a) 30 m和62 m气力输送实验台

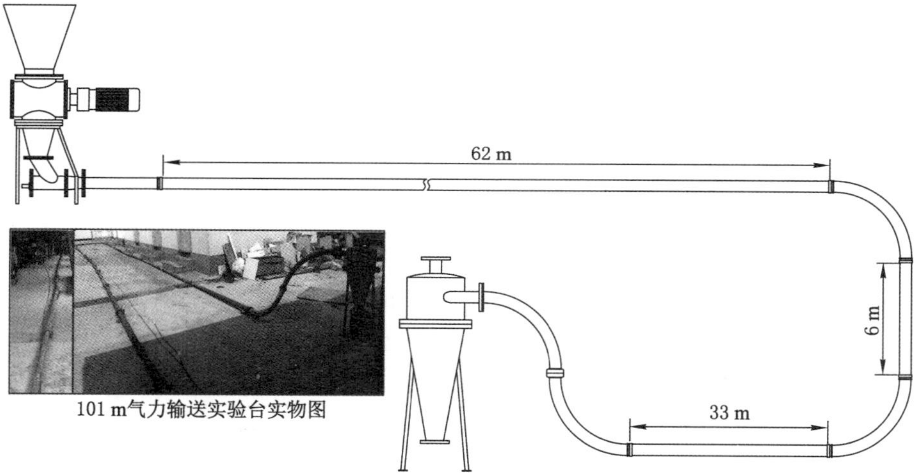

(b) 101 m气力输送实验台

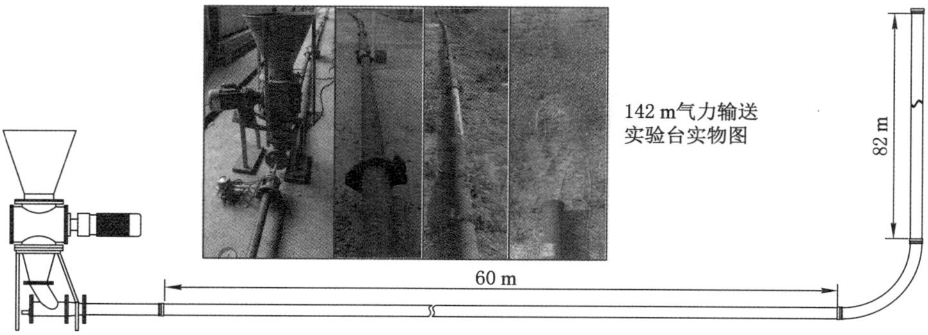

(c) 142 m气力输送实验台

图 5-26　长距离气力输送实验台

表 5-6　30 m 气力输送实验台管道布置方案

名称	传感器/旋风收集器间距离/m	与喷射器出口距离/m
压力传感器Ⅰ与透明管	0	3.5
压力传感器Ⅱ与透明管	9.5	13.0
旋风收集器	17.0	30.0

表 5-7　30 m 气力输送试验方案

试验编号	颗粒入料量/kg	入料质量流率/(kg/s)	试验编号	颗粒入料量/kg	入料质量流率/(kg/s)	试验编号	颗粒入料量/kg	入料质量流率(kg/s)
1	10	1.69	4	20	1.69	7	30	1.69
2	10	2.25	5	20	2.25	8	30	2.25
3	10	2.81	6	20	2.81	9	30	2.81

试验 1 中压力传感器获得的静压变化曲线如图 5-27 所示。图中最大点Ⅰ表示压力传感器Ⅰ的静压最大值，最小点Ⅰ表示压力传感器Ⅰ的静压最小值；最大点Ⅱ表示压力传感器Ⅱ的静压最大值，最小点Ⅱ表示压力传感器Ⅱ的静压最小值。管内流场静压变化区段相对应的颗粒运动情况如图 5-28 所示。

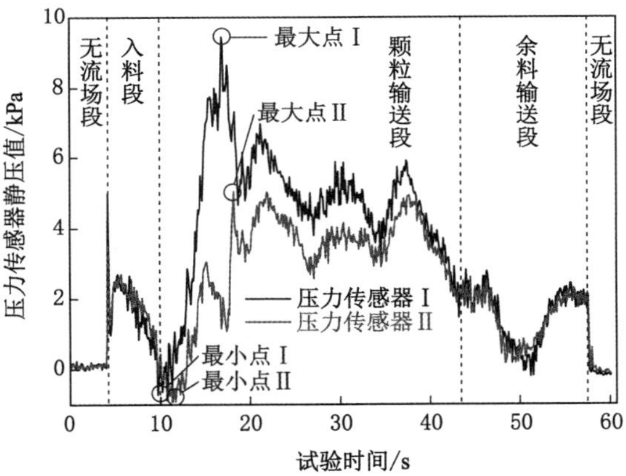

图 5-27　试验 1 中压力传感器静压变化曲线

由图 5-27 可见，压力传感器Ⅰ和Ⅱ获得的管内流场静压变化曲线有多个明显的压力波峰，压力曲线可分为无流场段、入料段、颗粒输送段以及余料输送段四个区段。两个压力传感器的静压变化曲线在入料段、余料输送段以及输送前

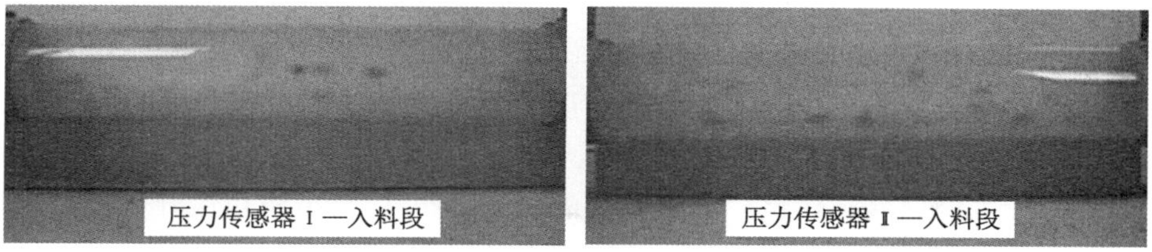

（a）入料段管内颗粒运动情况

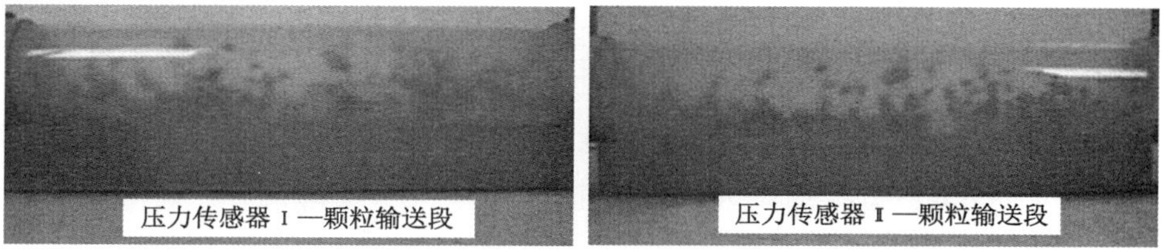

（b）颗粒输送段管内颗粒运动情况

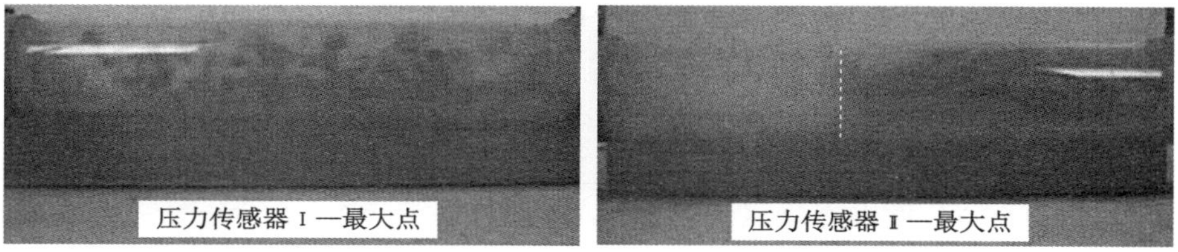

（c）最大点时管内颗粒运动情况

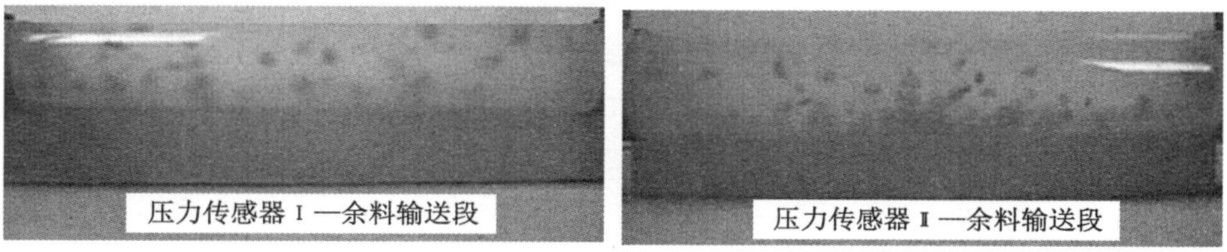

（d）余料输送段管内颗粒运动情况

图 5-28　输送管道中颗粒运动情况

后的无流场段内基本重合，仅在颗粒输送段内，存在明显的静压压降。

在入料段内，开启气阀向喷射器内注入高压空气，高压空气注入气力输送管道后产生压力冲击，压力曲线出现直线上升又直线下落的现象。随后，管道内静压快速回升，在静压稳定停留数秒后又逐渐下降（静压稳定点即为纯流场时该传感器获得的流场静压值）。在压力传感器趋于稳定时，将实验台集料仓与星型给料器间的隔板抽离，煤矸颗粒通过星型给料器进入喷射器内，由于喷射器内的供气压力和气流流量不足以为进入喷射器内的煤矸颗粒提供足够的动能，致使部分颗粒在喷射器或输送管道某处堆积，仅有少部分颗粒在管道内输送，导致流场静压下降，如图 5-28(a)所示，此时输送形态为稀相悬浮流。随着煤矸颗粒堆积量的增大，管道上层流场速度增大，压力传感器获得的静压值逐渐降低，直至变为负压，产生局部真空现象。由于安装压力传感器时，为了防止煤矸颗粒与传感器碰撞，传感器与管道内壁留有一定距离，当输送流场速度较大时，会产生与喷射器入料段相似的真空现象，使压力传感器获得的静压值为负。两个压力传感器的静压值和变化趋势在入料段基本一致，表明颗粒堆积位置应在压力传感器Ⅰ之前，即喷射器内或输送管道入口附近。

当压力传感器Ⅰ显示的静压值达到图 5-27 中最小点Ⅰ时，静压曲线进入颗粒输送段。随着煤矸颗粒在喷射器或管道内堆积，作用在煤矸颗粒堆上的流场静压力逐渐增大，直到推动颗粒堆在管内运动。煤矸颗粒堆运动的同时部分煤矸颗粒沉积在管道底部，此时输送形态为稀相分层流，如图 5-28(b)所示，截面内流场通过区域增大，上层流场速度降低，压力传感器处的真空现象消失，压力传感器的静压值开始增大。当煤矸颗粒堆通过压力传感器Ⅰ位置时，输送形态为密相柱塞流或沙丘流，如图 5-28(c)所示。此时煤矸颗粒堆后方的静压值仍然较大，压力传感器Ⅰ获得的静压值急剧上升，直至最大点Ⅰ，之后静压值开始下降，这表明首堆煤矸颗粒已经通过压力传感器Ⅰ位置。从图中可以看出，压力传感器Ⅱ的静压值最小点Ⅱ和最大点Ⅱ的时间均晚于压力传感器Ⅰ，两传感器间静压值最大点的时间差为首堆煤矸颗粒通过两压力传感器间距离所用的时间，可获得两压力传感器间煤矸颗粒平均运动速度为 7 m/s。从静压曲线可看出，首堆煤矸颗粒通过压力传感器Ⅰ位置后，又有三堆煤矸颗粒陆续通过该位置，这与高速录像中的颗粒输送情况一致。

最后一堆煤矸颗粒通过压力传感器Ⅰ位置后，压力传感器Ⅰ获得的流场静压值开始降低，并逐步稳定在纯流场静压值，此时静压曲线进入余料输送段。余料输送段内，压力静压曲线稳定一段时间后出现先下降再上升后稳定的过程，这是由于沉积在管道底部的煤矸颗粒重新与流场作用后获得能量，沿管道运动过程中出现的堆积情况所致。如图 5-28(d)所示，流场上层速度增加，压力传感器测得的静压值下降。由于无煤矸颗粒补充，该颗粒堆很快瓦解，压力传感器处的静压值上升。随着管道内颗粒数量的减少，压力传感器获得的静压值又稳定在纯流场静压值上。30 m 气力输送试验中，输送流场静压曲线如图 5-29 所示。

由于颗粒输送段的输送形态为柱塞流或沙丘流，通过分析压力传感器的静压曲线，可获得管道内颗粒柱塞的数量和大小。图中每个压力波峰为一堆颗粒柱塞，压力波峰幅值越大表示该颗粒柱塞运动所需的压力越大，即该颗粒柱塞的

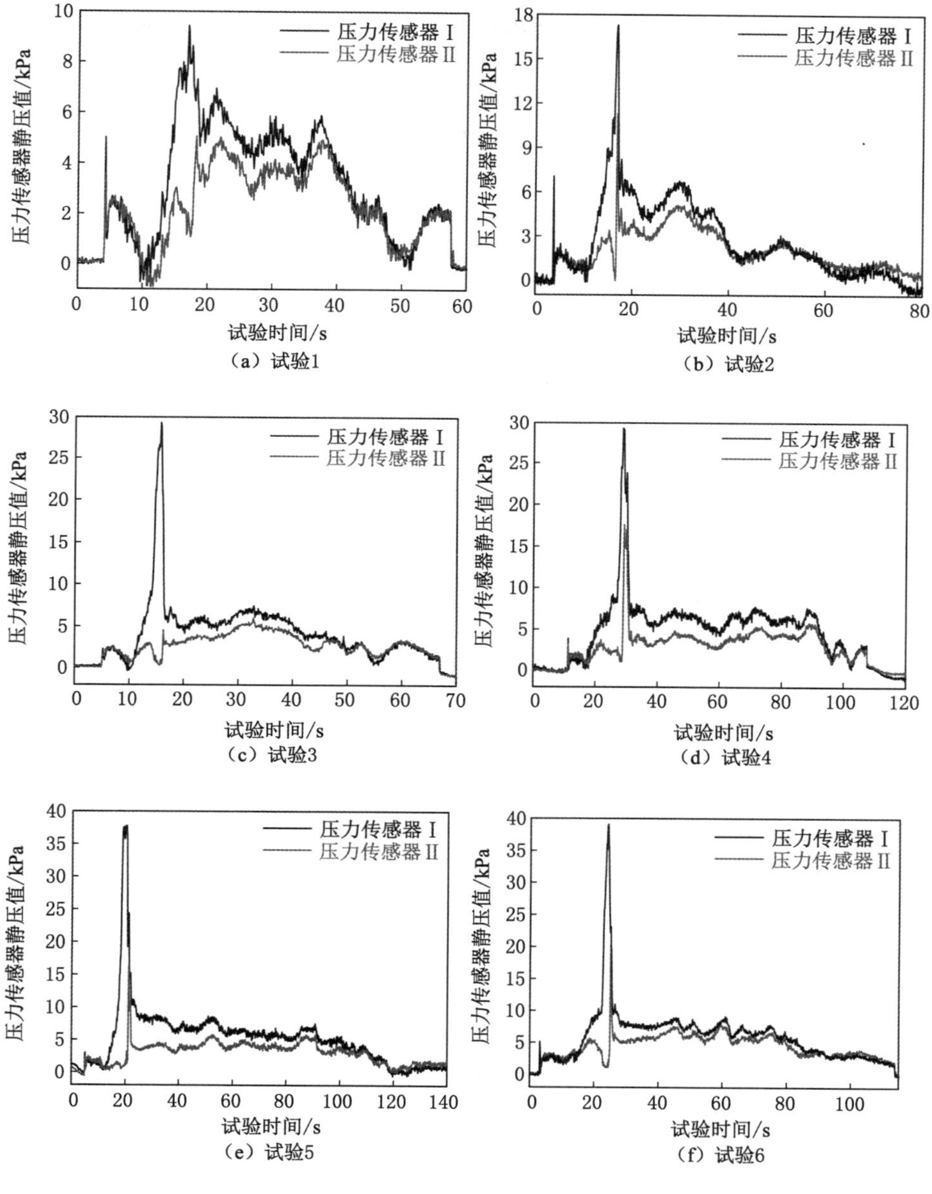

图 5-29　30 m 气力输送试验流场静压曲线

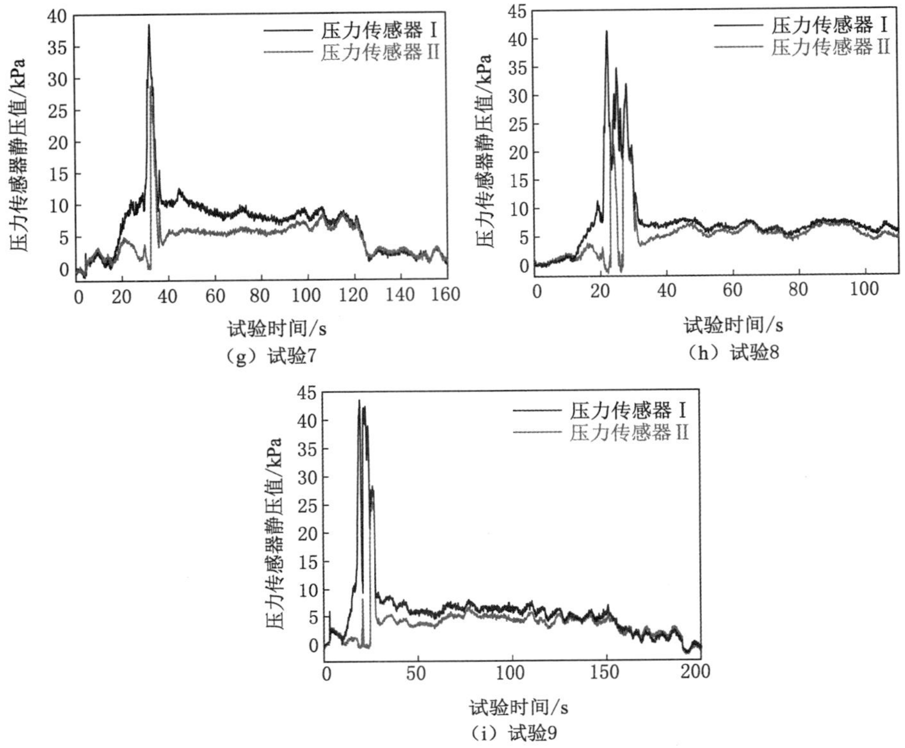

图 5-29(续)

颗粒数目越多。30 m 气力输送试验中,压力传感器Ⅰ获得的颗粒输送段静压最大值如图 5-30 所示。

压力传感器Ⅰ获得的流场静压最大值随煤矸颗粒入料量和入料质量流率的增大而增大。静压最大值越大,说明压力传感器Ⅰ前方输送管道内的煤矸颗粒堆积量越大。当管内煤矸颗粒堆积达到一定程度时,若输送管道漏气或输送压力难以继续推动颗粒运动,则造成管道堵塞。因此,在满足输送量的前提下,应尽可能降低管道内颗粒量,或加装增压补风装置,以降低管道堵塞的可能性。煤矸颗粒气力输送经历从纯流场到稀相流、密相流、稀相流再到纯流场的过程,颗粒输送状态与流场静压变化趋势完全吻合。因此,使用流场静压变化曲线监控煤矸颗粒气力输送状态,可及时发现输送中颗粒堵塞或管道漏气等问题,最大限度地降低事故发生率,减少经济损失。

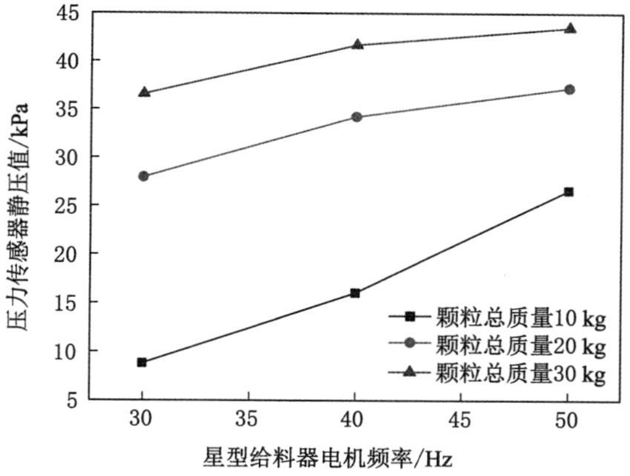

图 5-30　颗粒输送段静压最大值

5.3.3　62 m 气力输送试验

62 m 气力输送试验主要研究气力输送过程中颗粒破碎率与颗粒粒度之间的关系，以及颗粒粒度对气力输送管内流场静压的影响规律。62 m 气力输送实验台采用四组压力传感器和透明输送管监控煤矸颗粒输送过程中的颗粒运动状态与流场静压变化规律，管道布置方案如表 5-8 所列，试验方案如表 5-9 所列。

表 5-8　62 m 气力输送实验台管道布置方案

名称	传感器/旋风收集器间距离/m	与喷射器出口距离/m
压力传感器Ⅰ与透明管	0	3.5
压力传感器Ⅱ与透明管	9.5	13.0
压力传感器Ⅲ与透明管	9.5	22.5
压力传感器Ⅳ与透明管	27.0	49.5
旋风收集器	12.5	62.0

表 5-9　62 m 气力输送试验方案

试验编号	颗粒粒度/mm	颗粒总质量/kg	星型给料器电机频率/Hz	供气压力/MPa
1	5～10	15	50	0.4
2	10～20	15	50	0.4
3	20～30	15	50	0.4

62 m气力输送试验中供气压力恒定为0.4 MPa，试验分别研究煤矸颗粒在长距离气力输送管道中颗粒破损情况以及管内流场静压变化规律。在62 m气力输送试验中，采用三种不同粒度的煤矸颗粒进行输送，试验后测量煤矸颗粒粒度分布情况，获得煤矸颗粒破碎率与颗粒粒度之间的关系。三种粒度下煤矸颗粒气力输送试验中流场静压变化如图5-31所示，压力传感器Ⅰ位置的透明管内煤矸颗粒运动情况如图5-32所示。

从图5-31中压力曲线波动程度可以看出，煤矸颗粒粒度越大，颗粒输送段压力曲线波动程度越剧烈。压力传感器获得的最大静压值随煤矸颗粒粒度的增大而增大，颗粒输送段时间、长度随煤矸颗粒粒度的增大而增加。从图5-32中煤矸颗粒运动形态可看出，煤矸颗粒粒度越大，每帧图像中颗粒轮廓越清晰，表明颗粒输送段内煤矸颗粒运动速度随煤矸颗粒粒度的增大而减小。通过高速录像回放透明管内的煤矸颗粒运动情况可发现：颗粒粒度为5～10 mm时，煤矸颗粒通过透明管的速度较快，随着通过透明管的煤矸颗粒数量增多，未发现柱塞状或沙丘状颗粒堆，管内颗粒基本呈悬浮状态；颗粒粒度为10～20 mm时，有三次较为明显的柱塞状小颗粒堆通过透明管，管内颗粒呈现分层状态；颗粒粒度为20～30 mm时，煤矸颗粒通过透明管的速度较慢，有一次较明显的柱塞状大颗粒堆通过透明管，管内颗粒基本沉积在管道底部滑行前进。

对比图5-29和图5-31，在输送管道内径为80 mm、供气压力为0.4 MPa、纯流场速度为23 m/s的气力输送系统中，煤矸颗粒粒度越大，输送管道中流场静压波动越剧烈，且越容易出现柱塞状或沙丘状颗粒堆。由于本书研究的煤矸颗粒最终用作钻采采空区充填物料，因此，在满足充填性能的情况下，适当减小颗粒粒度有助于提高煤矸颗粒的输送性能。

在煤矸颗粒气力输送试验中发现，输送系统末端旋流分离器的防尘布袋内有大量粉尘（颗粒粒度＜1 mm）及细小颗粒（颗粒粒度＜3 mm），表明采用试验中的气力输送系统进行煤矸颗粒输送过程中煤矸颗粒存在破碎现象。表5-9的试验方案中三种粒度下煤矸颗粒气力输送试验中颗粒破碎后粒度分布如图5-33所示。

由图5-33可知，气力输送试验后，三种粒度的煤矸颗粒保持原粒度的颗粒数量不足50%，粉尘及细小颗粒所占比重约为8%，且颗粒粒度越小，产生细小颗粒及粉尘所占比重越大。由于煤矸颗粒在旋流收集器中运动较为剧烈，初步推测多数煤矸颗粒应是在旋流收集器中发生破碎。因此，除去旋流收集器，采用人工收集的方式再次按照表5-9的试验方案进行气力输送试验，试验中三种粒度下煤矸颗粒破碎后粒度分布如图5-34所示。

由图5-34可知，在除去旋流收集器后，三种粒度的煤矸颗粒破碎率明显降

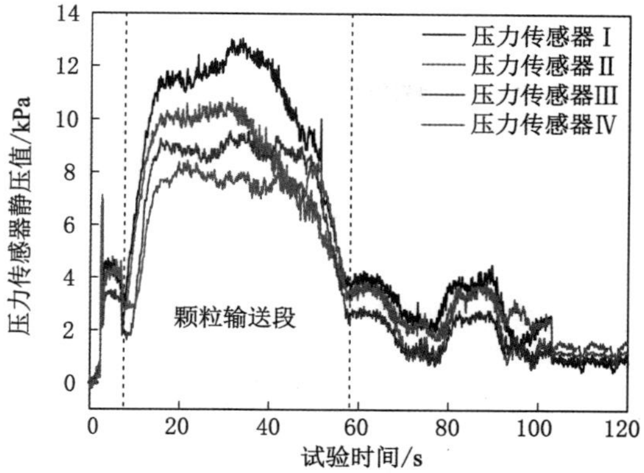

（a）颗粒粒度5～10 mm

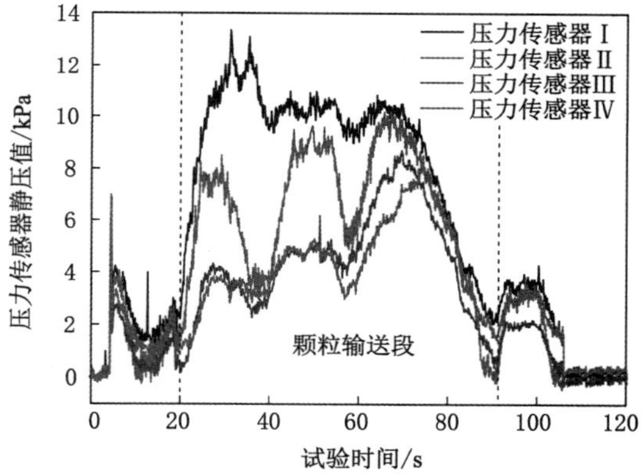

（b）颗粒粒度10～20 mm

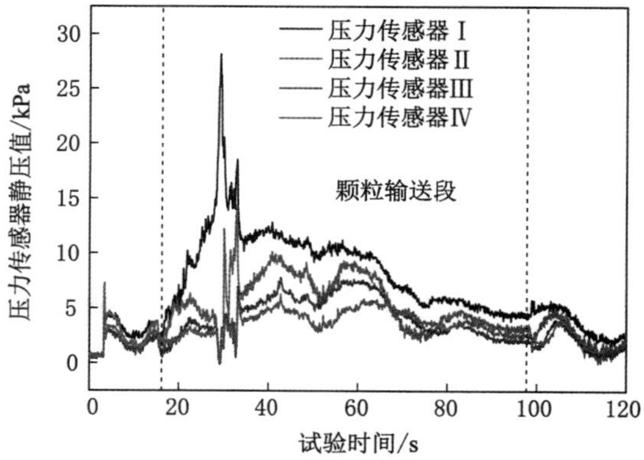

（c）颗粒粒度20～30 mm

图 5-31　不同煤矸颗粒粒度下流场静压变化

（a）颗粒粒度5～10 mm

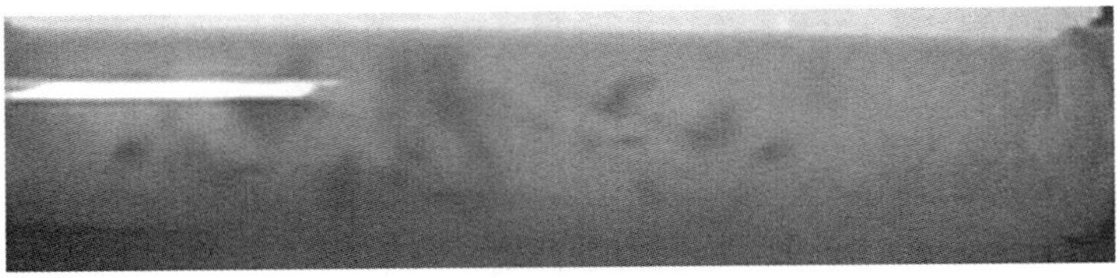

（b）颗粒粒度10～20 mm

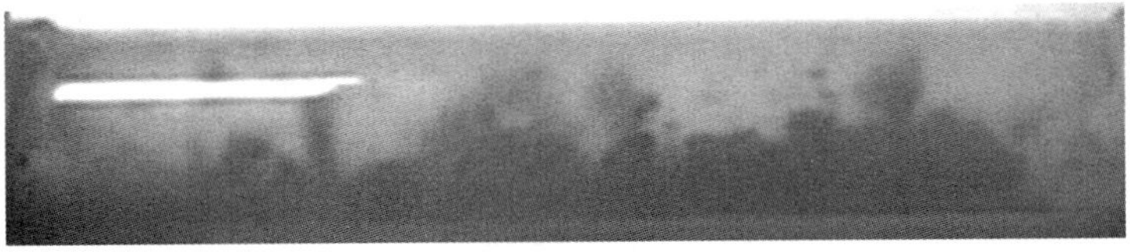

（c）颗粒粒度20～30 mm

图 5-32　不同粒度的煤矸颗粒管道内运动情况

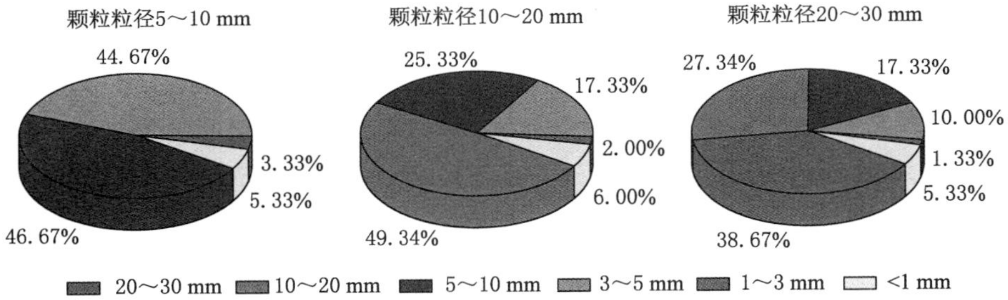

图 5-33　煤矸颗粒破碎后粒度分布

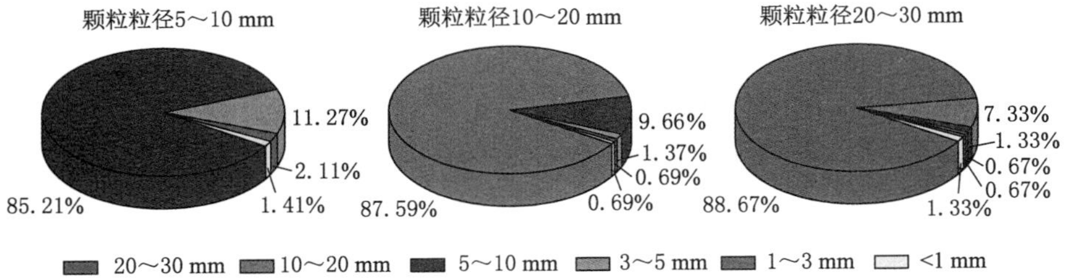

图 5-34　除去旋流收集器的煤矸颗粒破碎后粒度分布

低。煤矸颗粒保持原粒度的颗粒数量均高于85%,粉尘及细小颗粒所占比重低于3.5%。煤矸颗粒粒径越大,颗粒保持原粒度的颗粒数量越多;而颗粒粒度越小,产生细小颗粒及粉尘所占比重越大。对比两次试验可发现,气力输送过程中煤矸颗粒在输送管道内破碎量较少,而在旋流收集器中的破碎量较大,且实际钻采法气力输送系统中煤矸颗粒直接充填采空区,并不会采用旋流收集器作为颗粒物料收集装置。因此,煤矸颗粒破碎对输送管道内的颗粒输送性能和充填性能影响较小。

在采空区充填过程中,假定粒度小于3 mm的煤矸颗粒会随采空区内回流场脱离充填区,并回流到巷道或通风系统中,造成工作面粉尘污染等问题。因此,在保证煤矸颗粒充填时的粒度要求的前提下,可适当增加煤矸颗粒粒度,以减少气力输送过程中产生的粉尘及细小颗粒量,提高工作面空气环境质量。

5.3.4　101 m气力输送试验

101 m气力输送试验以定量颗粒的输送总时间为评价指标,主要考查较长距离下输送煤矸颗粒时,在管道不同位置安装旋流增压器对颗粒输送时间的影响规律。按照30 m气力输送试验中颗粒粒度与粒度分布比例准备煤矸颗粒,每次试验用到的煤矸颗粒的总质量为50 kg,给料器电机频率为50 Hz,气源供气压力为0.4 MPa,旋流增压器安装方案如表5-10所列。

表5-10　101 m气力输送实验旋流增压器安装方案

试验编号	安装位置	与喷射器出口距离/m
1	无	
2	直管输送段中部	31.5
3	第一段弯管出口处	62.0
4	第二段弯管出口处	68.0

试验1中不安装旋流增压器,试验2、3、4在不同位置安装旋流增压器。四组试验中旋流增压器与喷射器采用相同的气源设备供气,所消耗的空气流量相同。在旋流分离器出口下方安放料箱和台秤,试验中每隔半分钟记录一次台秤上的颗粒质量,试验结果如图5-35所示。

试验1中无旋流增压器,颗粒输送所用时间最长,约为3分25秒,安装旋流增压器的试验颗粒输送所用时间均短于试验1。旋流增压器安装位置越靠近喷

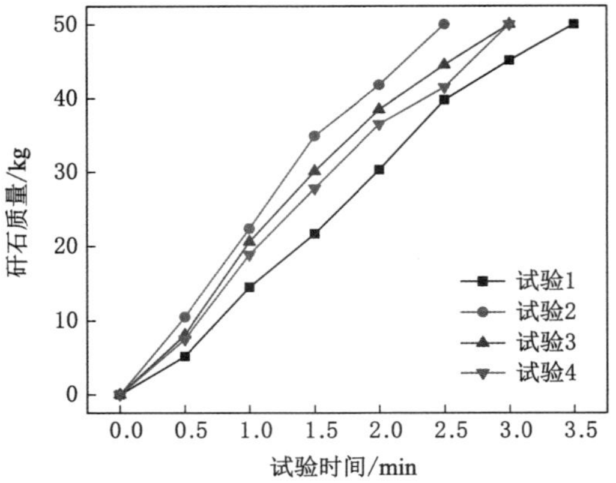

图 5-35　101 m 气力输送试验结果

射器出口，颗粒输送所用的时间越短，这是由于四组试验中旋流增压器与喷射器所消耗的空气流量相同，安装旋流增压器相当于增加了管道内空气流量，旋流增压器安装位置越靠近喷射器出口，颗粒加速过程就越早，颗粒在管道内运动时间越短。

旋流增压器的目的是使沉积在管道底部的煤矸颗粒重新进入流场，增加颗粒运动速度，减少输送时间，预防管道堵塞事故。在试验中，由于煤矸颗粒与空气之间密度差异大，颗粒离开喷射器出口后很快沉积在管道底部，并沿管道底部滑移或滚动前进。试验中向旋流增压器内加入与喷射器相同的高压气流，虽然可以降低颗粒输送时间、提高输送量，但是却增加了气力输送系统的空气消耗量。因此，为提高气力输送系统输送量，在不影响井下通风的情况下，若气源供气压力较小，可布置多组旋流增压器，以增大管内空气流量的方式提高气力输送系统的输送量。

5.3.5　142 m 气力输送充填试验

142 m 气力输送充填试验以煤矸颗粒喷射距离为评价指标，验证钻采法气力输送充填系统的可行性。试验采用与 101 m 气力输送试验相同的颗粒入料量、入料质量流率、颗粒粒度、粒度分布比例以及气源供气压力。试验分为两组，第一组不安装旋流增压器，仅依靠喷射器提供输送气源；第二组在弯管出口处安装旋流增压器，试验结果如图 5-36 所示，试验结果对比如表 5-11 所列。

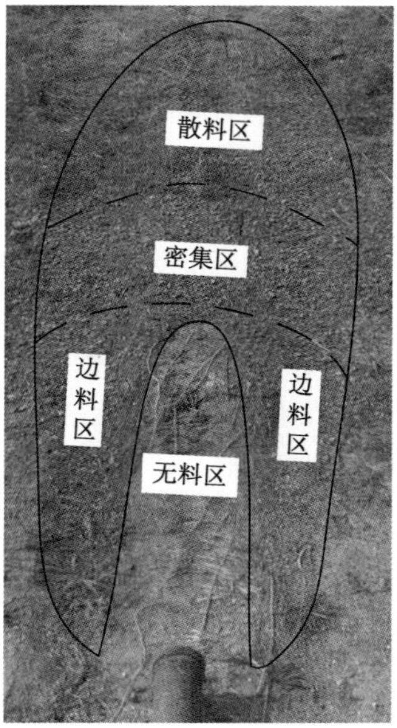

图 5-36　142 m 气力输送充填试验结果

表 5-11　142 m 气力输送充填试验结果对比

项目	试验 1	试验 2
旋流增压器	无	有
无料区宽度/m	0.1	0.15
密集区宽度/m	0.4	0.5
散料区宽度/m	0.4	0.5
无料区与出口距离/m	0.8	1.5
密集区与出口距离/m	1.0	1.7
散料区与出口距离/m	1.8	2.5

根据煤矸颗粒分布情况，可将颗粒分布区域分为无料区、边料区、密集区和散料区四部分。喷出输送管的煤矸颗粒在气流作用下将继续运动，导致输送管出口处没有煤矸颗粒，形成无料区。密集区的煤矸颗粒量最多，边料区和散料区只有部分少量颗粒。由于粒度较小的颗粒在管道内运动速度快，离开管道出口后运动到较远位置；粒度较大的颗粒在管道内运动速度慢，离开管道出口后先落于无料区前半部分，并在气流作用下最终滚落到边料区或密集区前端。因此，散料区颗粒粒度较小，边料区和密集区前端的颗粒粒度较大。

对比表 5-11 中试验结果可知，增加旋流增压器后，各个区域与管道出口间距离均增大，区域宽度也有所增加，表明增加旋流增压器后，颗粒充填距离和充填宽度均增大。因此，工业性试验中可根据实际需要确定旋流增压器数量。

在井下采空区充填作业中，由于采空区是独头有限空间，存在颗粒回弹和流场回流现象：处于散料区的颗粒由于颗粒粒度小、速度大，易与充填区或煤层发生碰撞，产生颗粒回弹现象；处于边料区的颗粒在回流流场和螺旋叶片的作用下易被排出采空区，使颗粒充填量减小。因此，在工业性试验中，调整旋流增压器数量和通入的空气流量，将密集区作为充填主要区域，以缓解颗粒回弹和回流现象。

煤矸颗粒长距离气力输送试验验证了钻采法气力输送充填系统的可行性，为工业性试验提供了可靠的试验依据。为了进一步实现钻采法气力输送充填系统，计划将对本书设计的气力输送试验系统进行工业性试验，以获得输送性能更为良好的煤矸颗粒气力输送充填系统，完善钻采法气力输送充填工艺，促进薄与极薄煤层绿色开采技术体系的健康发展。

5.4 钻采工业性试验

钻采法气力输送充填系统所依托的 MZ 型钻机式采煤机（五钻头钻式采煤机）于 2015 年 12 月 21 日至 2016 年 4 月 15 日在通顺公司进行了现场工业性试验，验证了基于极薄煤层钻式采煤机关键技术与装备设计的大采宽钻式采煤机现场应用的可靠性与有效性，钻采工作面工业性试验如图 5-37 所示。

工业性试验阶段，MZ 型钻机式采煤机最高月产量为 0.62 万 t，资源回收率达到 80%，开机率≥90%，满足我国煤矿井下极薄煤层无人工作面开采作业的需要，对于减轻工人劳动强度、改善作业环境、提高极薄煤层开采安全性和资源回收率均具有重要意义。

MZ 型钻机式采煤机工业性试验结果表明：钻采法气力输送充填系统所依托的五钻头钻式采煤机具有快速、高效、定向钻进的特点，推广前景较好。为此，依据本书研究成果，研制钻采法气力输送充填系统，对 MZ 型钻机式采煤机进行工业改造，加装气力输送及充填设备。

在本书完稿时，已完成 MZ 型钻机式采煤机工业改造方案和钻采法气力输送充填系统关键部件的研制，下一步将在 MZ 型钻机式采煤机上进行气力输送管道及相关设备的加装，并在通顺公司的井下钻采法工作面进行气力输送及充填工业性试验。

图 5-37　井下钻采工作面工业性试验

第6章 展　　望

为了更加全面和深入地研究气力输送过程中煤矸颗粒输送特性和流场变化规律，实现钻采法气力输送充填系统在薄与极薄煤层中的高效、经济和可靠应用，作者认为今后应在以下三个方面进行深入研究：

① 气力输送试验中，虽然煤矸颗粒在输送管道中破碎量较小，但仍然存在破碎现象。因此，在后续研究中应考虑煤矸颗粒互作用破碎特性，分析煤矸颗粒物理性质及微颗粒间平行黏结作用力链，采用微颗粒黏结法建立煤矸颗粒模型，进一步分析煤矸颗粒气力输送过程中的颗粒与管壁的碰撞破碎行为，提高煤矸颗粒模型和气力输送耦合仿真的准确性。

② 工业性试验中，钻采煤层存在一定程度的起伏，当煤层出现向上倾斜时，充填过程中煤矸颗粒很难停留在采空区内，常采用水泥浆作为黏结剂，以固定充填的煤矸颗粒。为此，应建立气固液三相流耦合模型，分析不同输送条件下管内颗粒、水泥浆及空气间的运动特性，并进行试验研究，防止管内物料固化凝结、堵塞输送管道，增强钻采法气力输送充填系统的实用性和可靠性。

③ 在完成MZ型钻机式采煤机工业改造方案和钻采法气力输送充填系统关键部件研制的基础上，将在钻机式采煤机上加装气力输送管道及相关设备，并在钻采工作面进行气力输送充填系统工业性试验。通过工业性试验，进一步完善钻采法气力输送充填工艺，研发适用于不同钻采工作面的气力输送充填系统，并将气力输送技术推广应用于井下煤炭运输，以改变井下煤炭输送格局、降低运输巷道建设和煤炭输送成本。